能源实验与页岩气技术图册

ENERGY EXPERIMENT AND SHALE GAS TECHNOLOGY ATLAS

主　编　张金川

副主编　李　哲　唐　玄

金文正　王宏语

華東理工大學出版社
EAST CHINA UNIVERSITY OF SCIENCE AND TECHNOLOGY PRESS

·上海·

图书在版编目（CIP）数据

能源实验与页岩气技术图册 / 张金川主编. — 上海：华东理工大学出版社，2019.9

ISBN 978-7-5628-5929-1

Ⅰ.①能… Ⅱ.①张… Ⅲ.①油页岩－实验技术－图集 Ⅳ.①P618.12-64

中国版本图书馆CIP数据核字（2019）第168137号

内容提要

全书共五章，第 1 章介绍中国地质大学（北京）能源实验中心实验室概况，包括实验室历史及功能分类；第 2 章涉及基础性实验仪器与设备，包括样品预处理实验仪器与设备、基础地质实验仪器与设备；第 3 章为油气成藏与开发实验仪器与设备，包括有机地球化学与成藏、油气储层物性、油气田开发实验仪器与设备及实验测试成果示例等；第 4 章涉及实验中心特色设备与仪器，包括虚拟仿真实验室、自主研发页岩油气实验设备与仪器及实验测试示例；第 5 章介绍页岩与页岩气分析技术，包括富有机质页岩、页岩矿物、页岩沉积韵律、孔隙与裂缝、页岩龟裂、结核及与球形风化等。

本书总结了能源实验中心的历史、特色及现状，以画面的风格展现我国早期的页岩气发现（渝页 1 井）、发展及技术，以纪实的手法展现实验室与页岩气的设备、图像及关联，可为从事页岩气教学与研究的学者提供借鉴，也可供高校相关专业的师生参考学习。

项目统筹 / 马夫娇 韩 婷
责任编辑 / 韩 婷
装帧设计 / 吴佳斐
出版发行 / 华东理工大学出版社有限公司
地址：上海市梅陇路 130 号，200237
电话：021-64250306
网址：www.ecustpress.cn
邮箱：zongbianban@ecustpress.cn
印 刷 / 上海雅昌艺术印刷有限公司
开 本 / 710 mm × 1000 mm 1/16
印 张 / 7.5
字 数 / 117 千字
版 次 / 2019 年 9 月第 1 版
印 次 / 2019 年 9 月第 1 次
定 价 / 118.00 元

前　言

对于大学，实验室建设的作用和发展的意义毋庸置疑。

与中国地质大学（北京）的历史定位和能源学院的学科发展相和谐，能源实验室在历史上也曾经是能源地质教学与研究中的中流砥柱。但由于多种原因，世纪之交时的能源实验室仍然处于百废待兴、百业待举状态，可继承性发展的历史性物质遗产几乎为零。在大家共同努力下，实验室建设突飞猛进。

2004 年年初，学校启动本科教学评估活动，对实验室采取“以评估促建设”措施开始实验室建设。在实验室配套建设得到了空前高度重视的前提下，经过一年努力的能源实验室虽然得到了跨越式的发展和大踏步的前进，但在年底初查验收时，实验室仍然得到了“一小、二旧、三空、四缺、五可怜”的评价结论。经过持续努力，2005 年时的实验室条件建设和安全环境得到了进一步改善，逐渐甩掉了“一小、二旧、三空、四缺、五可怜”帽子，年底时达到了辅助 41 门课程、承担 92 个实验项次、能够完成 100 余个实验项目的能力和水平。

对于一流大学，实验室的内涵水平不容争辩。

在教学实验室建设方面，能源实验中心 2009 年通过答辩入选校级实验教学中心（能源实验教学示范中心）。同年，与地球科学与资源学院、地球物理与信息技术学院以及工程技术学院所属实验室联合，共同开始北京市地质资源与勘查实验教学示范中心立项建设。2012 年，由地球科学与资源、能源、地球物理与信息技术及工程技术等 4 个学院联合组队申报的地质资源勘查国家级实验教学示范中心顺利获得评审通过，同意予以立项建设，能源实验中心成为地质资源勘查国家级实验教学示范中心能源分中心。2014 年，能源实验中心独立申报了能源地质与评价国家级虚拟仿真实验教学中心，同年准予立项建设。

从 2007 年开始，能源实验中心建设开始走向新的高度。在科研重点实验室建设方面，中国地质大学（北京）2007 年年底被批准依托能源学院 / 能源实验中心开始海相储层演化与油气富集规律教育部重点实验室建设，2012 年又同时获准开始国土资源部页岩气资源战略评价重点实验室和非常规天然气能源地质评价与开发工程北京市重点实验室建设，能源实验中心科研重点实验室建设水平再创新高。

对于学科建设，实验室建设的起点高度一目了然。

在各种天然气资源类型中，页岩气的发展速度是最快的。美国、加拿大和中国称为世界前三大页岩气生产国。其中，美国的页岩气研发生产历史较长，其 2009 年时的页岩气总产量为 880 亿方，在天然气年总产量中占比 14%，该数值超过了中国同年所有天然气总产量，同年，美国的天然气总产量一举超越俄罗斯而成为世界第一。至 2015 年，页岩气总产量 4 217 亿方，在天然气年总产量中占比超过 50%。2008 年，加拿大开始生产页岩气，年总产量 10 亿方，2009 年时达到 72 亿方，2015 年时达到 350 亿方，在其年天然气总产量中占比 23.3%。在中国，2009 年渝页 1 井发现页岩气，2015 年页岩气年产量达到 45 亿方，在天然气年总产量中占比 3.5%。

2003 年，美国的页岩气革命刚刚开始，水平井和水力压裂技术得到了成功应用，页岩气产量开始迅速递增。同一时期，国内对页岩气尚处于“一无所知”状态。一般的研究者都认为，由于页岩孔隙和孔隙度极小，页岩只能是常规气藏中天然气的供应者而不能作为天然气的储集场所《页岩气及其成藏机理》（2003）和《页岩气成藏机理和分布》（2004）论文的发表，打破了我国油气地质学研究领域中的寂静，页岩气渐渐成为我国非常规油气地质领域中的佼佼者。

对于新兴学科，实验室建设的促进作用不言而喻。

2009 年，位于重庆市彭水县莲湖乡乐地坝村曹家沟的渝页 1 井揭示黑色页岩 223 m（未穿），在五峰 - 龙马溪组页岩中获得 1 ～ 3 m^3/t 含气量，首获我国页岩气发现，证实了我国页岩气的存在。2011 年，页岩气被国务院列为第 172 个新矿种。该井页岩气的发现，打破了中国没有页岩气的争论，为后期页岩气的进一步突破指明了方向。

本图册定位于实验室和页岩气的诉说，将能源实验中心与页岩气实验技术融合在一起，采用图册的方式概括能源实验中心的历史、特色及现状，以画面的风格展现我国早期的页岩气发现、发展及技术，以纪实的手法展现实验室与页岩气的设备、图像及关联，是一部集历史梳理、科学应用、实验测试、技术发展、效果分析及摄影艺术于一体的图册。

2016年，幸得高举相机的李哲加入研究生团队，将其所视尽收眼底。图册选取部分有代表性、典型性或有特殊意义的场景、设备/仪器、岩样标本、实验结果等图像，拍、选、修、排、定历时三年，数易其稿，所展示内容丰富、素材多样、手法简朴、以实为范。图册精心策划、实事求是，贯穿将今论古的哲学思想，编排逻辑严密、图像挑选严谨，期待产生睹图思理、令人回味、别有洞天的效果。

图册素材来源于潜心建设了近二十载的能源实验中心，来源于摸索了近20年之久的页岩气领域，来源于不同阶段、地区、单位及人员的油气地质、开发评价、设备研发及页岩气野外地质作业，其资料收集过程复杂，在此对所有提供过帮助的人表示特别感谢。

图册系统介绍了各类仪器原理，展示了相关仪器/设备，图示了有趣的特殊地质现象，可供石油地质、能源地质、非常规天然气地质等专业领域人员选读，可供实验室、生产现场、理论研究等人员参考，可供教师、工程师、研究生等人员使用。

图册内容广泛，涉及领域多样，加之时间有限，作者水平有限，书中难免出现各种疏漏和不足，望斧正为盼。

二〇一八年晚秋·北京

目　录

Content

第1章　能源实验中心

1.1　实验室概览

能源实验中心主体所在的科研楼

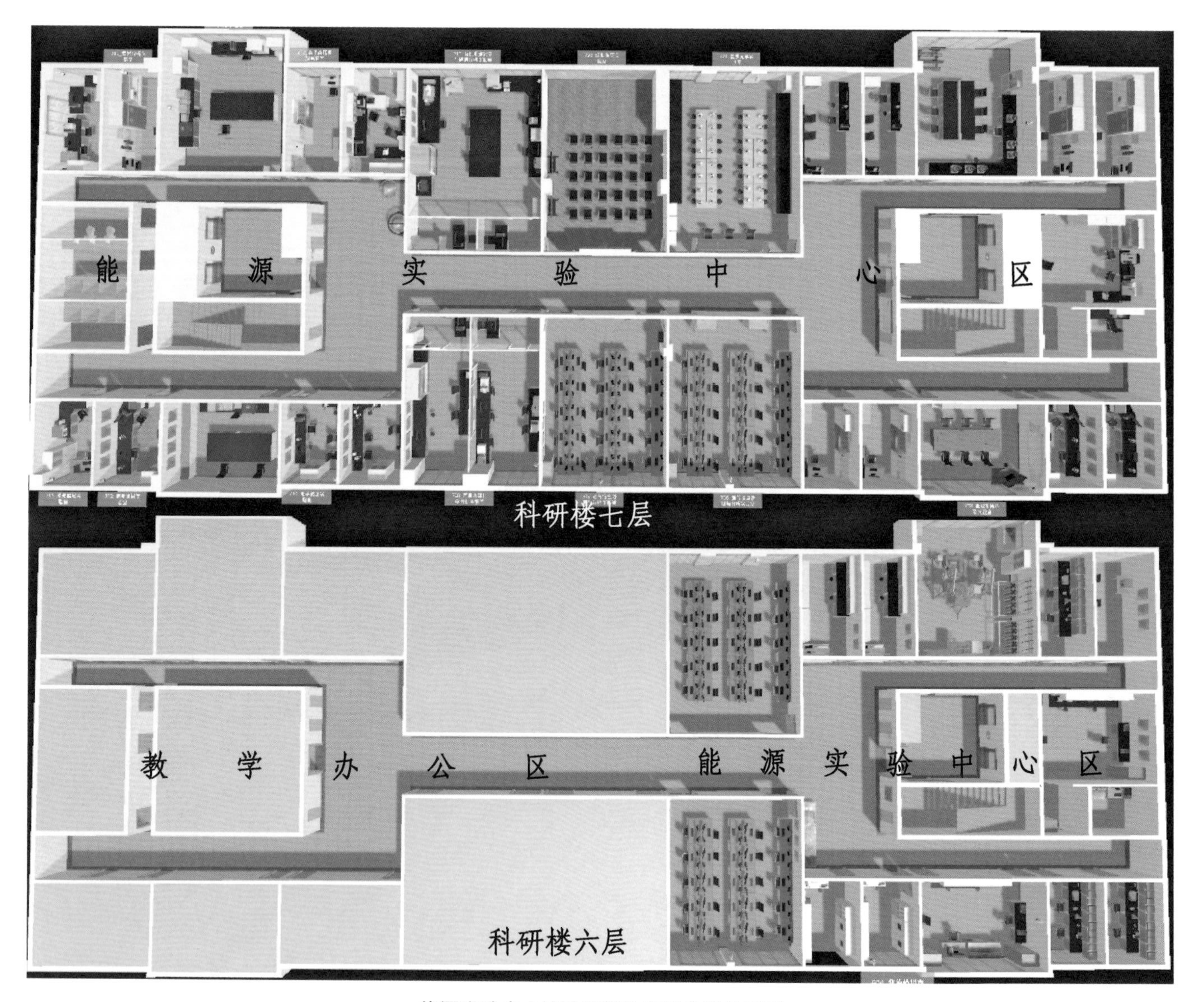

能源实验中心实验室整体布局鸟瞰效果图

测试楼

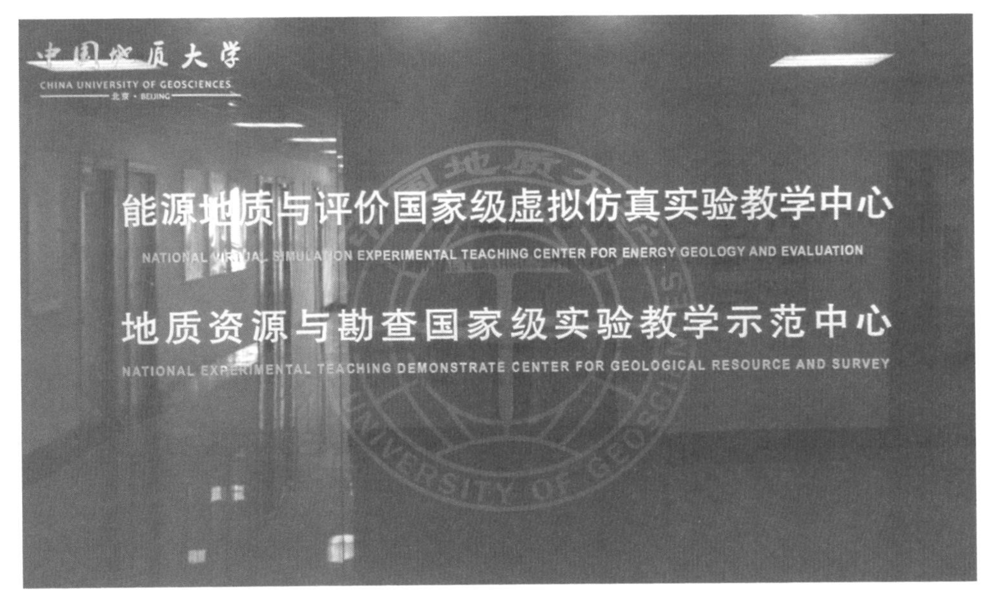

地质资源与勘查国家级实验教学示范中心能源分中心
和能源地质与评价国家级虚拟仿真实验教学中心

海相储层演化与油气富集机理教育部重点实验室

国土资源部页岩气资源战略评价重点实验室

非常规天然气能源地质评价及开发工程
北京市重点实验室

国家煤层气工程中心
煤储层物性实验室

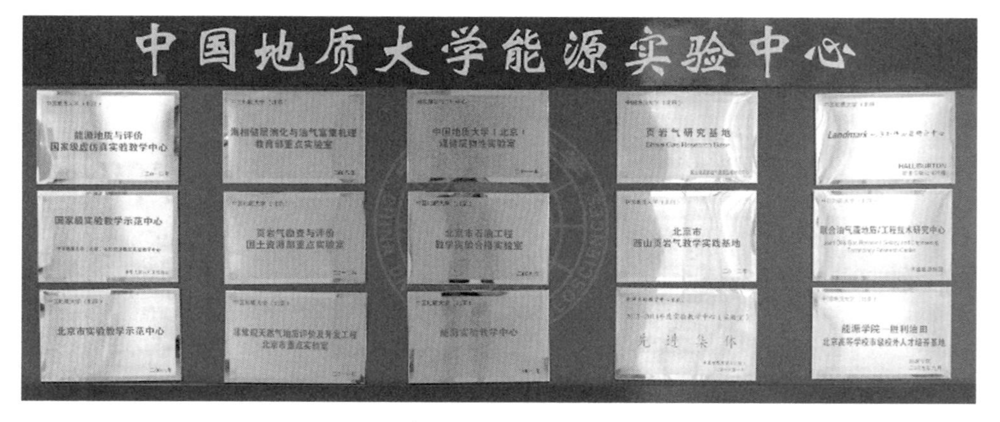

能源实验中心铭牌

1.2 历 史 沿 革

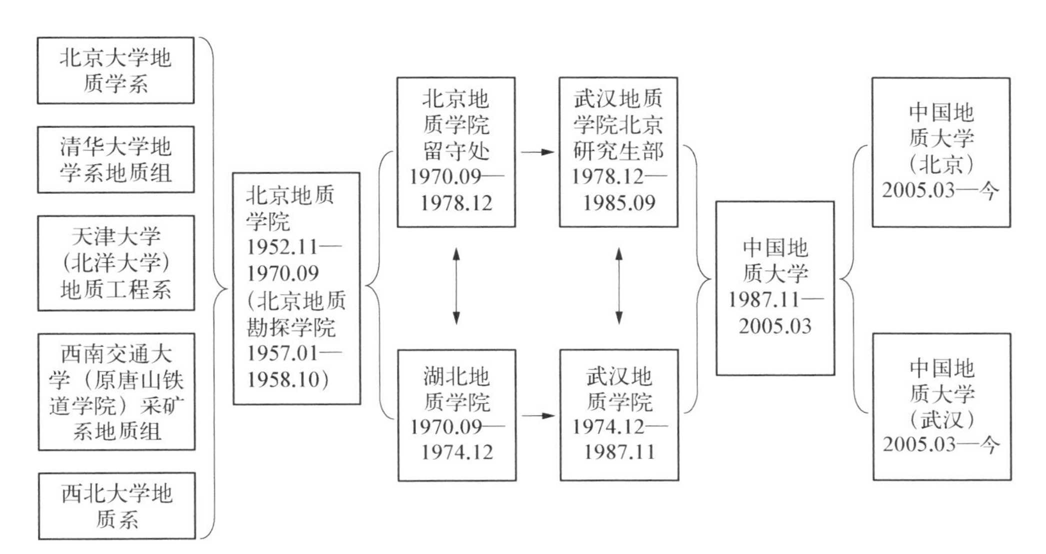

中国地质大学（北京）历史沿革

中央人民政府任命通知書

府字第　　號

茲經中央人民政府委員會第二十一次會議通過任命劉　型爲北京地質學院院長

特此通知

主席

一九五三年　月十四日

中華人民共和國中央人民政府之印

北京地质学院第一任院长任命通知书

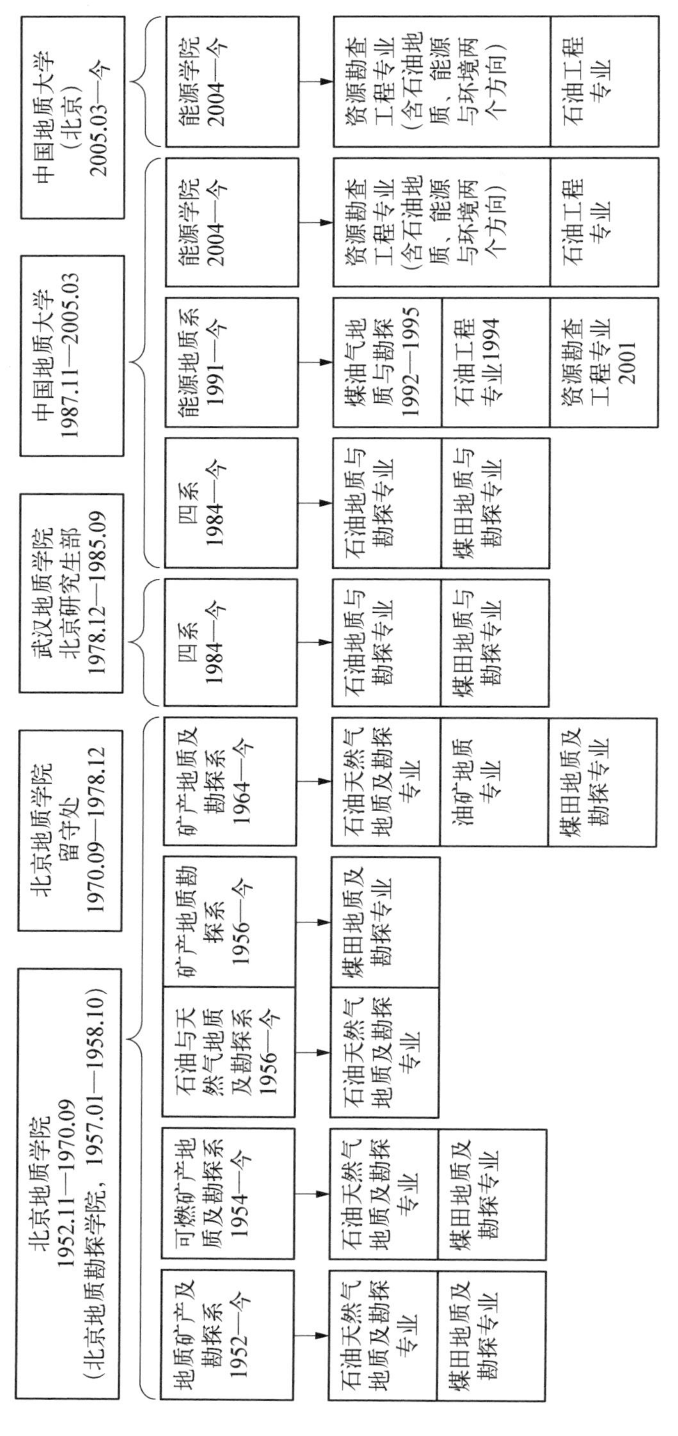

能源学院专业历史沿革简图

实体显微镜（1953，蔡司 HENSOLDT）

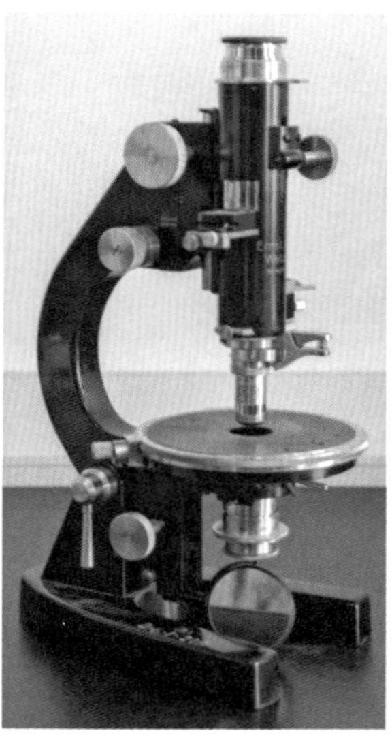

偏光显微镜（1956，莱资 LEITZ-CM）

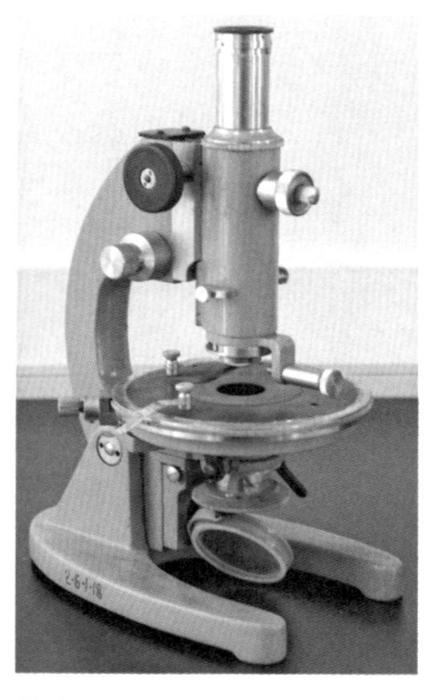

偏光显微镜（1980，江南光仪厂 XPT-6）

机械天平（1981）

能源实验中心
现存的“古董”

实验室廊道

地球化学实验室

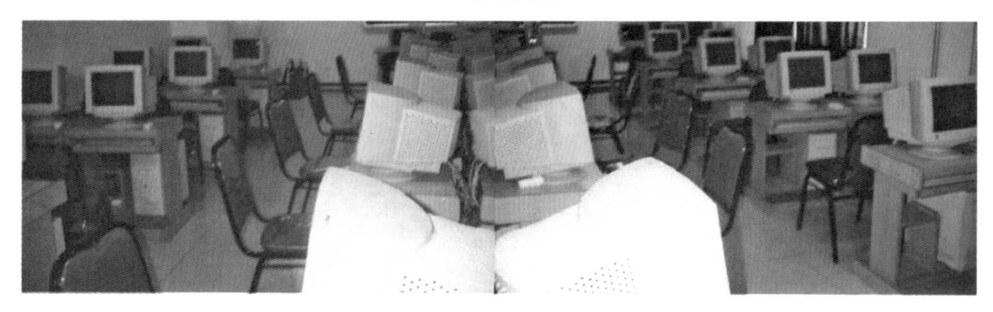

北京市高等学校基础课评估合格实验室——石油工程教学实验室数值模拟实验分室

北京市高等学校基础课评估合格实验室——石油工程教学实验室油层物理实验分室

2001 年时的能源学院实验室

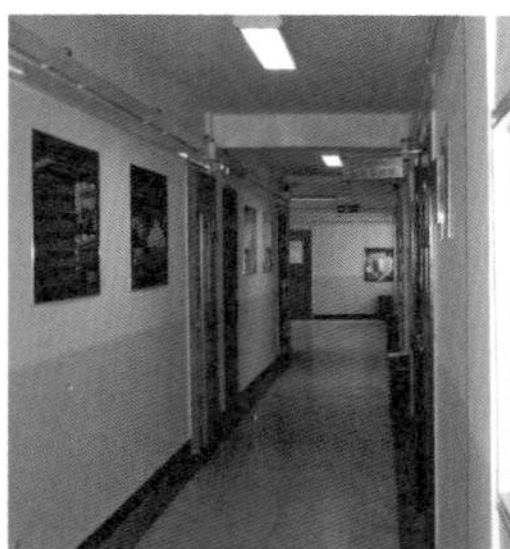

实验室廊道

能源基础实验室

有机地球化学实验室

沉积储层实验室

油层物理实验室

油气田开发实验室

能源信息分析实验室

2005 年时的能源学院实验室（能源实验中心）

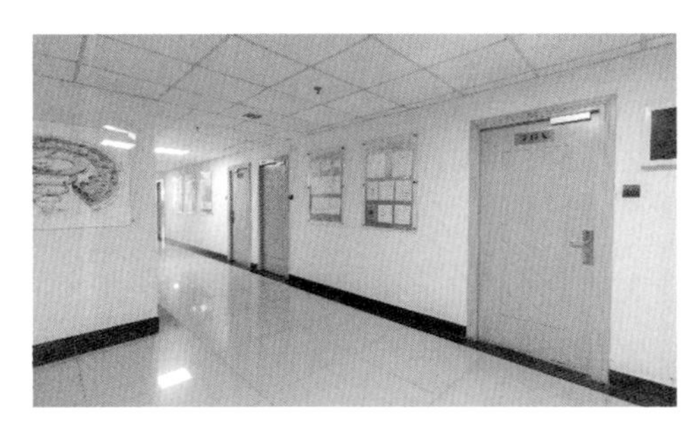

能源实验中心廊道和大厅

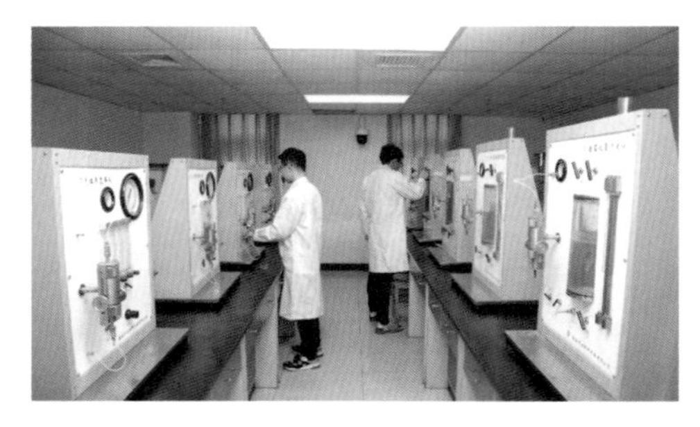

孔渗测试分室（油层物理实验室）

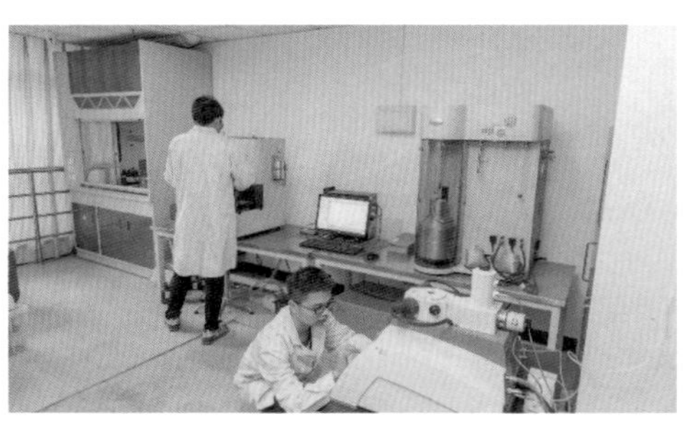

气体吸附分室（成藏评价实验室）

构造模拟分室（盆地与构造实验室）

虚拟仿真实验室

工作站机房分室（能源信息分析实验室）

含气性分析分室（成藏评价实验室）

2009 年以来的能源实验中心

1.3　部分代表性实验室

实验标本室

抽提分析实验室

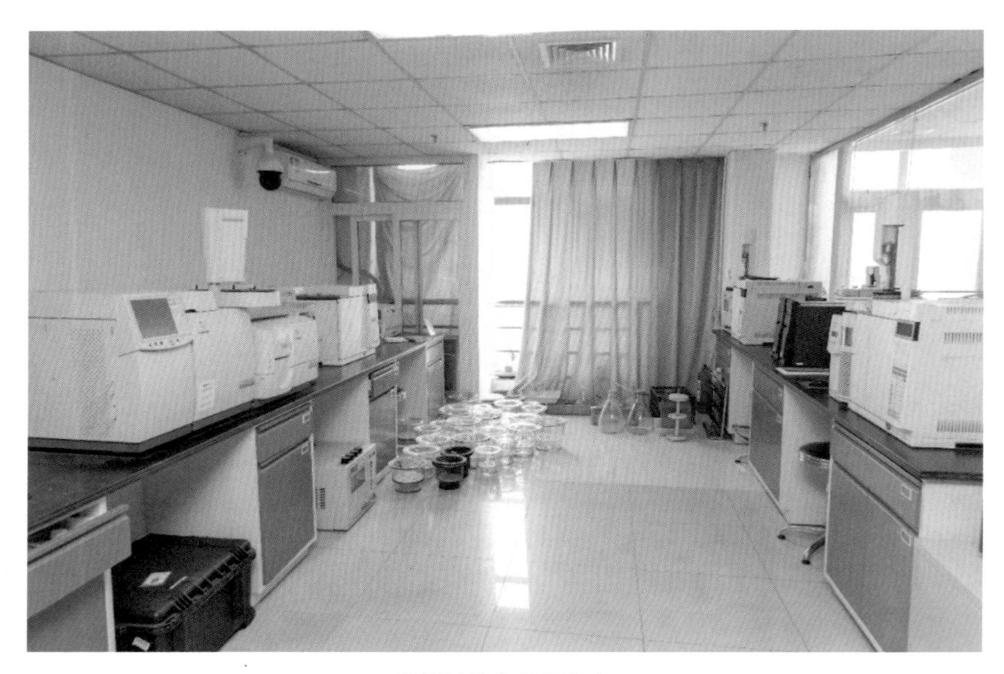

痕量元素分析实验室

有机地球化学分析实验室

光学显微实验室

扫描电镜实验室

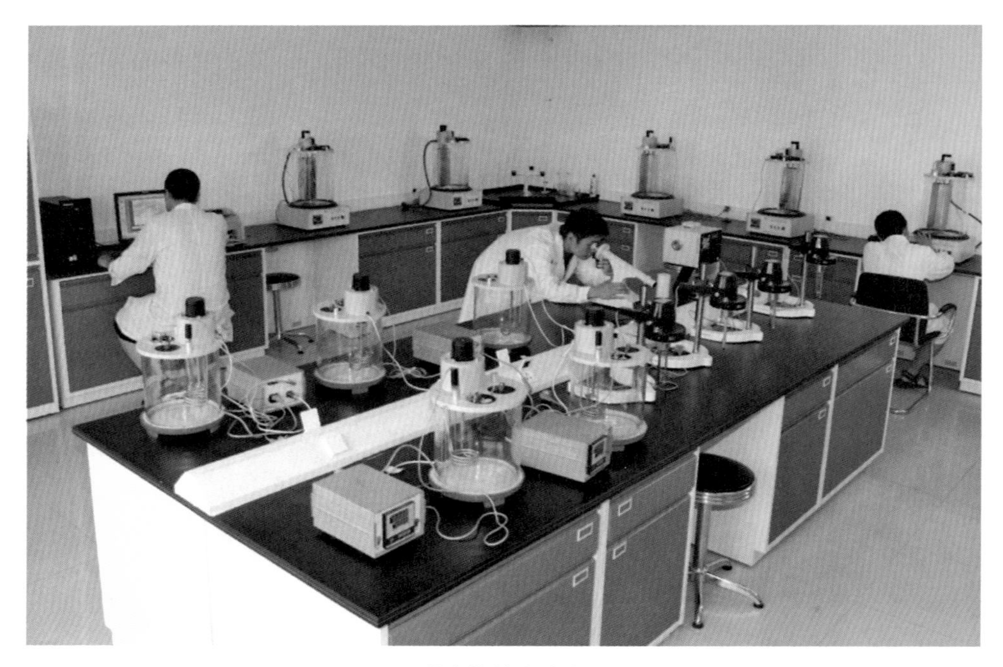

原油物性实验室

储层物理实验室

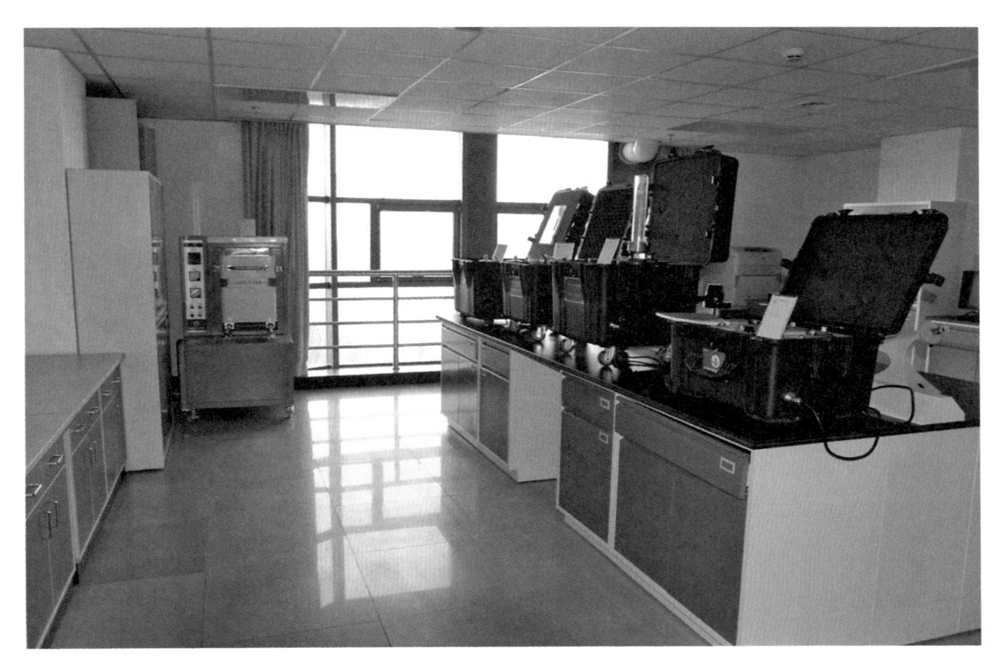

含气量分析实验室

泥浆实验室

数值模拟实验室

大型工作站实验室

虚拟仿真实验室

1.4　野外实验室（部分）

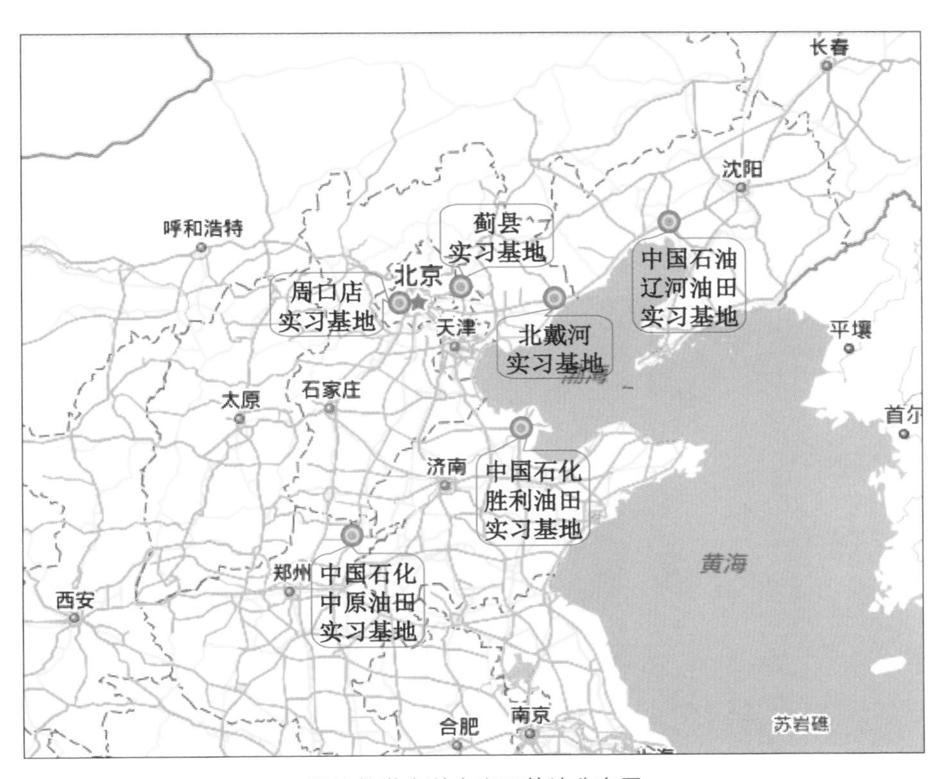

野外教学本科生实习基地分布图

北京西山页岩实践基地奠基仪式

北京西山页岩实践基地奠基仪式：2014 年，中国地质大学（北京）与北京市地质勘察技术院构建了西山页岩实践基地，共建立了 6 个典型剖面。

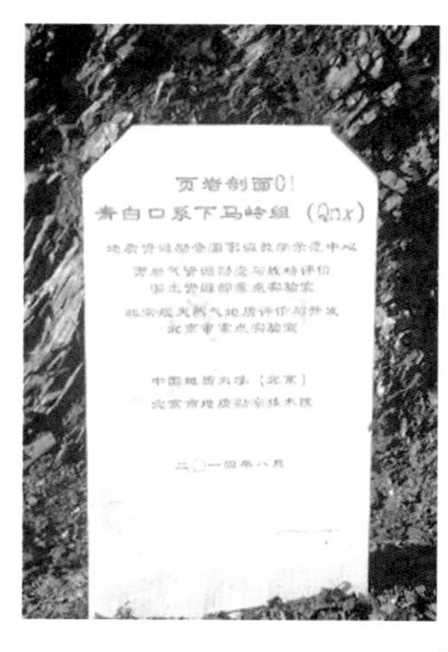

北京西山页岩实践基地典型剖面点

辽河油田实习基地

中外联合野外地质调查（德国）

1.5 管理与运行

能源实验中心骨干

能源实验中心运行团队

第 376 次香山科学会议执行主席邀请函
（中国页岩气资源基础及勘探开发基础问题）

关于聘请第 376 次香山科学会议执行主席的函

张金川　先生：

香山科学会议定于 2010 年 6 月 1 日～3 日在北京香山饭店召开以“中国页岩气资源基础及勘探开发基础问题”为主题的学术讨论会，拟聘请您担任本次会议的执行主席，现将相关材料（见附件）寄给您，请您仔细阅读。如您能担任执行主席，请您在“会议执行席确认函”上签字回函。如因故不能担任执行主席，也请您签字说明、回函。

附件：

1. 会议执行主席聘请书
2. 会议执行主席确认函
3. 致香山科学会议执行主席函
4. 会议邀请函
5. 会议简介
6. 会议回执

香山科学会议
2010 年 5 月 13 日

第 376 次香山科学会议（中国页岩气资源基础及勘探开发基础问题，2010）

马田（Brain Horsfield）院士（德国）到实验室进行交流

德国专家到我实验室参观考察

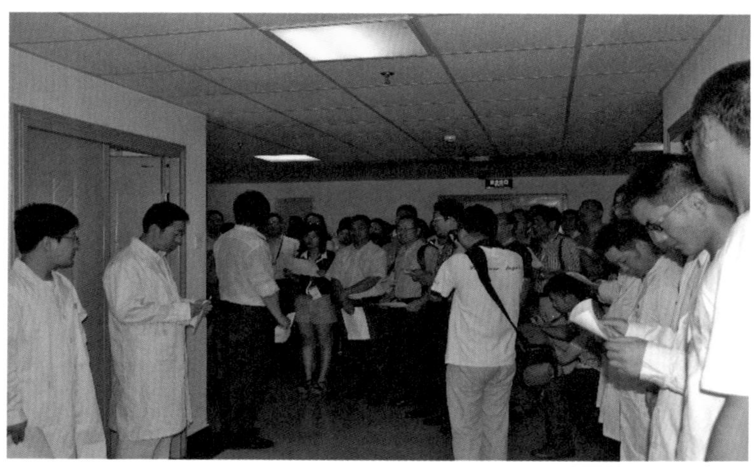

实验中心对外开放

第2章　基础性实验仪器与设备（部分）

2.1　样品预处理实验仪器与设备

原地样品取心机（背包钻机）：以汽油为动力，可对岩石进行取样，取样直径2.5 cm，取样深度可达21 m。

岩样切割机：主要用于各类软硬金属、岩石/岩心样品切割。

液氮冷冻取心机：以液氮为冷却介质，适合于对易碎、易裂样品的岩心钻取。

颚式破碎机：可对抗压强度小于320 MPa的大块岩石、矿石等物料进行粗、中等粒度破碎作业。

试样镶嵌机：在岩石测试试样制备过程中，对微小、不规则形状和不易手拿的试样，用热固性材料进行镶嵌成形。

双盘台式磨抛机：集研磨和抛光功能于一体的高效能设备，利用不同粒度的耐水研磨金相砂纸和抛光材料，通过对磨盘和抛盘的无级变速控制调节，对试样进行粗、细、精或干、湿磨，同机完成试样抛光，或磨抛工作。

原地样品取心机（背包钻机）

岩样切割机

液氮冷冻取心机

颚式破碎机

试样镶嵌机

双盘台式磨抛机

超声波清洗机：将超声波发生器发出的高频振荡信号转化成高频机械振荡传播到清洗溶剂中，产生数以万计且直径为50～500 μm的微小气泡，这些微小气泡运动、聚并或破裂，达到清洗污物效果，尤其可在不影响物件材质和精度情况下，对深孔、微孔、盲孔及复杂孔产生良好的清洗效果。

超级岩芯高速冷冻离心机：离心机主要用于离心沉淀、对悬浮物液体分离提纯等领域，超级岩芯高速冷冻离心机主要用于岩样的毛细管力、湿润性等研究。

超声波清洗机

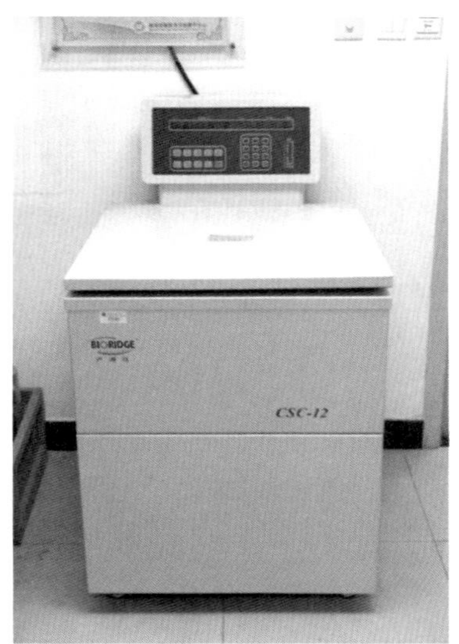

超级岩芯高速冷冻离心机

超级恒温槽：适用于对恒温精度要求较高的实验，主要用于对某一温度的精确控制。

高温滚子加热炉：一种加热、老化装置，可用于研究钻井液中的阴阳离子交换反应、钻井液添加剂稳定性等。

超级恒温槽

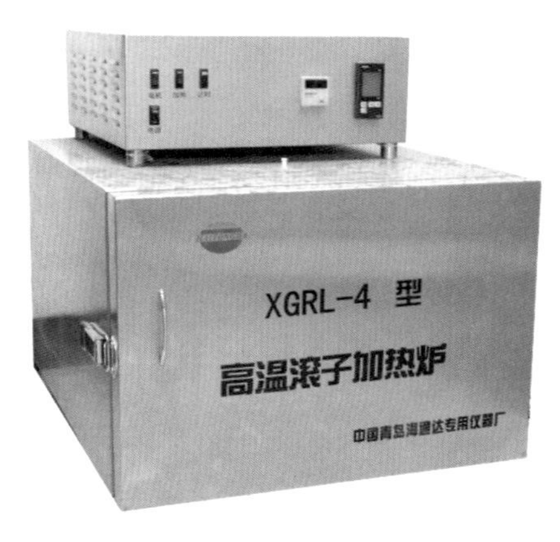

高温滚子加热炉

2.2 基础地质实验仪器与设备

天球仪：以地球为中心，模拟星空、星座等天体背景。

日-月-地球仪：以太阳为中心，模拟日、地、月球相对运动及日食、月食等天体效果。

沉积相模型：系统反映了从物源剥蚀区到搬运沉积区的整体面貌，包括冲积扇、河流、湖泊、三角洲、半深海、深海等。

无人机：主要用于野外地质摄像、通讯、侦察、制图等工作。

工程地震波速仪：可应用于工程勘查、桩基效果与稳定性、地质灾害调查与评价等。

天球仪

日-月-地球仪

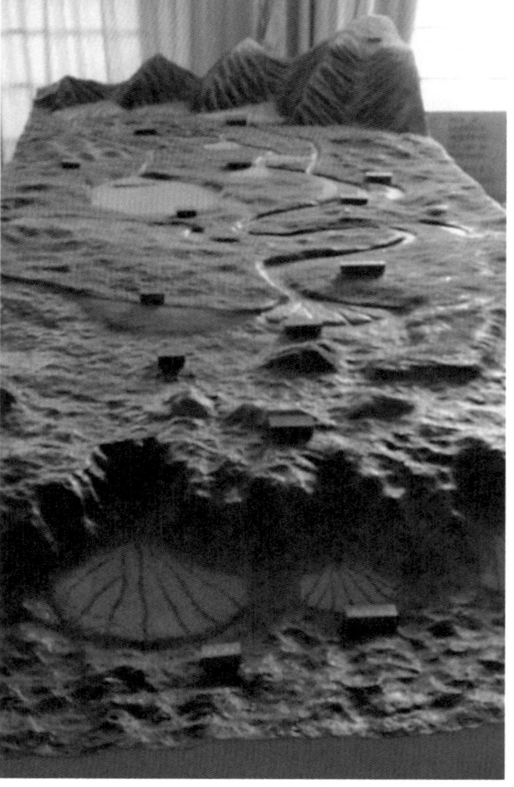

沉积相模型

无人机

工程地震波速仪

构造挤压模拟机：对预设条件的“地质体”施加区域挤压应力，模拟并研究其应变过程和效果。

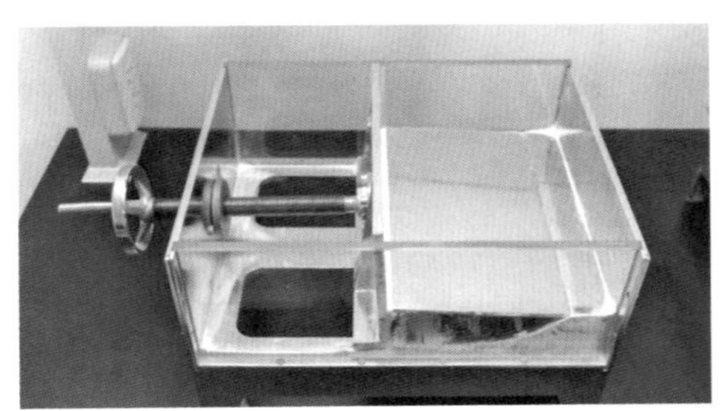

构造挤压模拟机

构造剪切模拟机：对预设条件的“地质体”施加区域构造剪切应力，模拟并研究其应变过程和效果。

构造剪切模拟机

构造拉伸模拟机：对预设条件的“地质体”施加拉张构造应力，模拟并研究其应变过程和效果。

构造反转模拟机：对预设条件的“地质体”施加复杂构造应力，模拟并研究其应变过程和效果。

构造拉伸模拟机

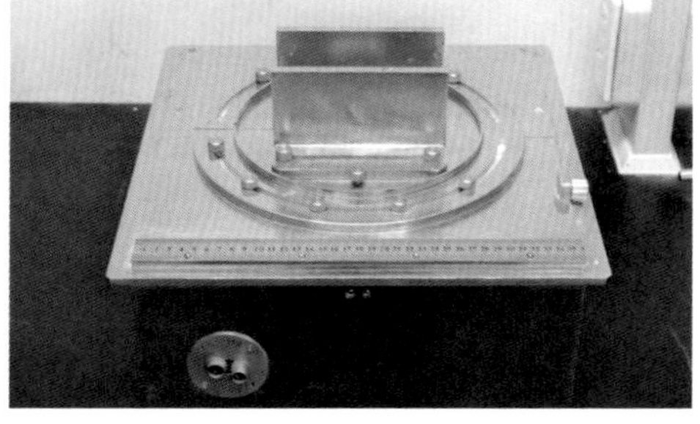

构造反转模拟机

构造形变物理模拟试验设备：对预设条件的“地质体”施加复杂构造应力，模拟并研究其应变过程和效果。

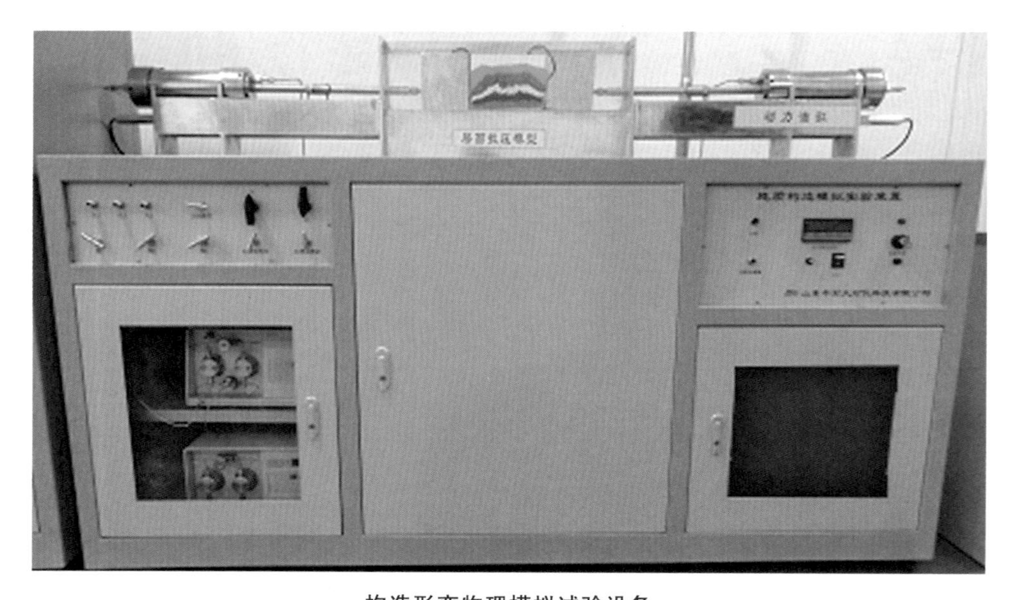

构造形变物理模拟试验设备

三轴应力测试设备：测定岩石的力学性质参数，获取岩石三轴应力-应变参数及效果，检测岩石破裂过程。

三轴应力测试设备

3D 打印机：一种以数字模型文件为基础，运用粉末状金属或塑料等可黏合材料，通过逐层打印的方式来构造空间物体。

雕刻机：以不同材质的原料为对象，运用雕刻的方式对原料进行三维空间的加工与成型。

3D 打印机

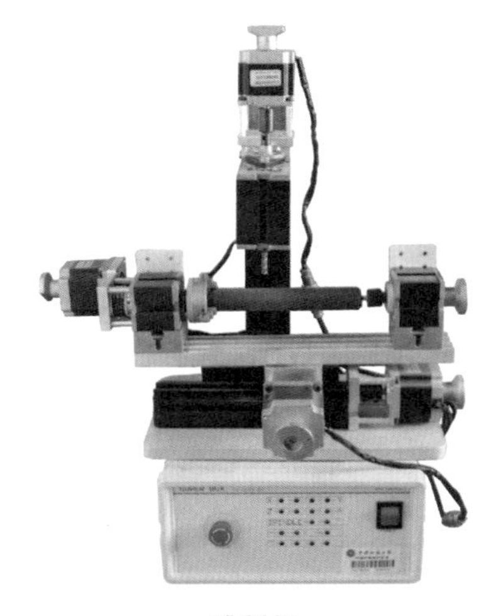

雕刻机

第3章　油气成藏与开发实验仪器与设备（部分）

3.1　有机地球化学与成藏实验仪器与设备

3.1.1　化学成分

气体检测报警器：利用气体传感器来检测环境中存在的气体种类和含量。

可燃气体检测器：通过内置的气体采样泵，将气体吸入仪器并进行成分和含量检测。

多功能复合气体分析仪：可同时对多种气体进行成分和含量的快速检测。

氮氢空一体机：可提供高纯氮气、氢气或洁净空气，常配套于气相色谱仪。

碳酸盐含量测定仪：根据化学反应原理，测试岩石碳酸盐含量。

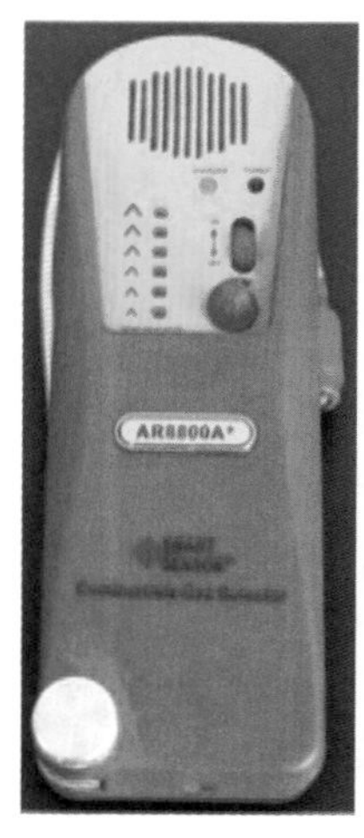

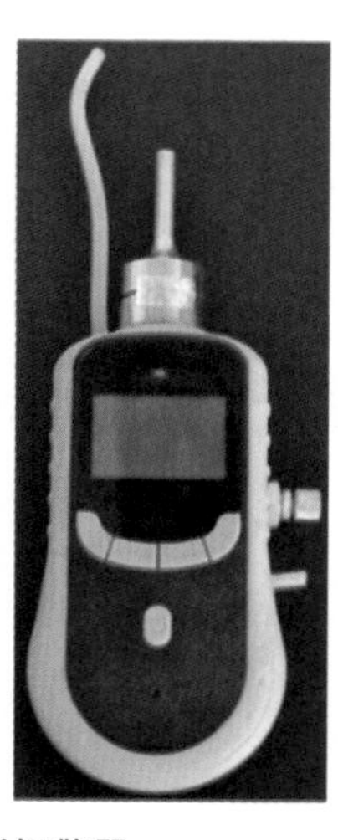

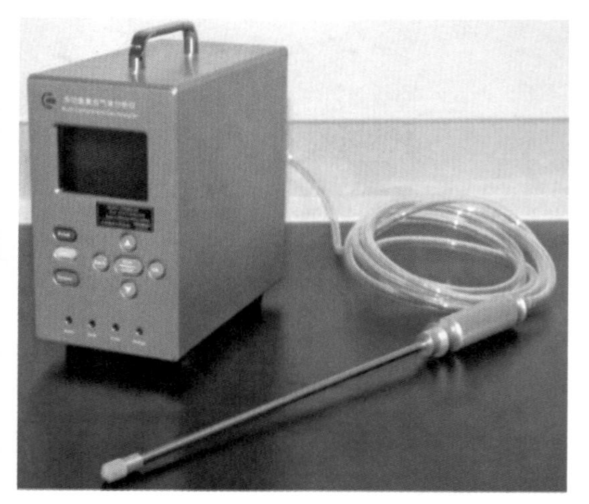

气体检测报警器　　　　　　　　可燃气体检测器

氮氢空一体机

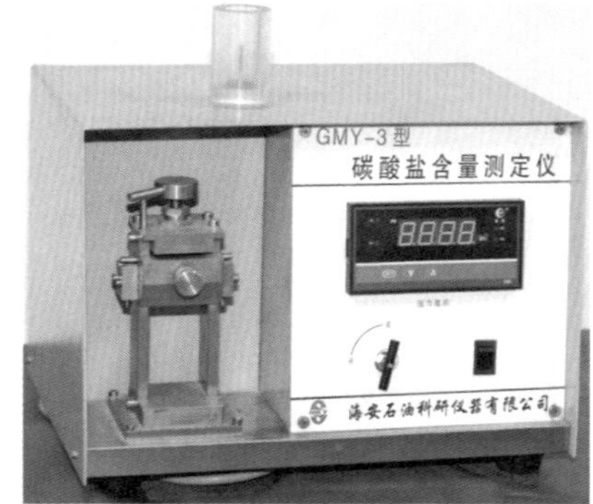

碳酸盐含量测定仪

气相色谱仪：根据不同气体物质在色谱柱中的扩散运动速度，将其递次检出进行定性和定量评价。

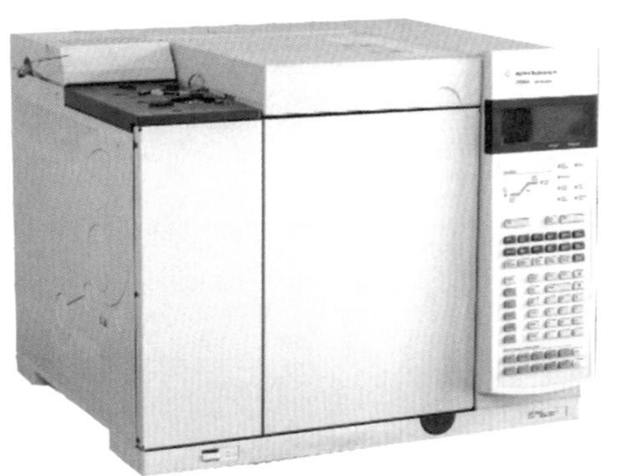

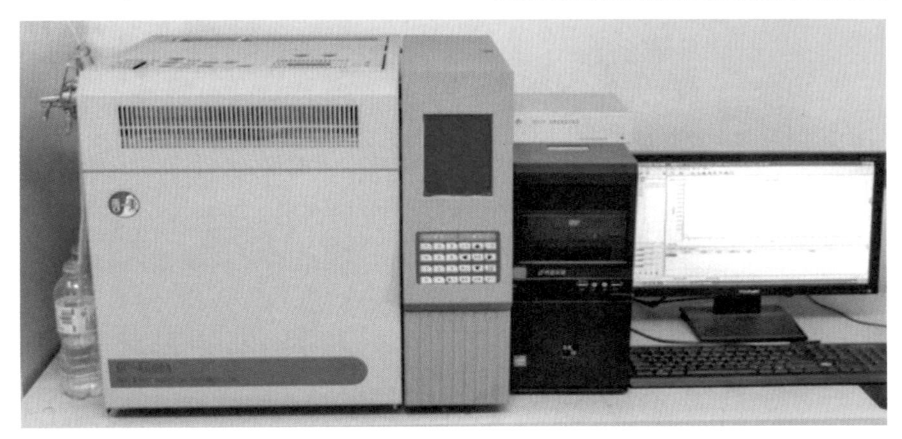

气相色谱仪

离子色谱仪：主要用于水和试剂中痕量杂质的定性定量分析，尤其是分离各种阴阳离子，如 F^-、Cl^-、Br^-、NO^{2-}、PO_4^{2-}、SO_4^{2-}、甲酸、乙酸、草酸等阴离子，Li^+、Na^+、NH^+、K^+、Ca^{2+}、Mg^{2+}、Cu^{2+}、Zn^{2+}、Fe^{2+} 等阳离子。

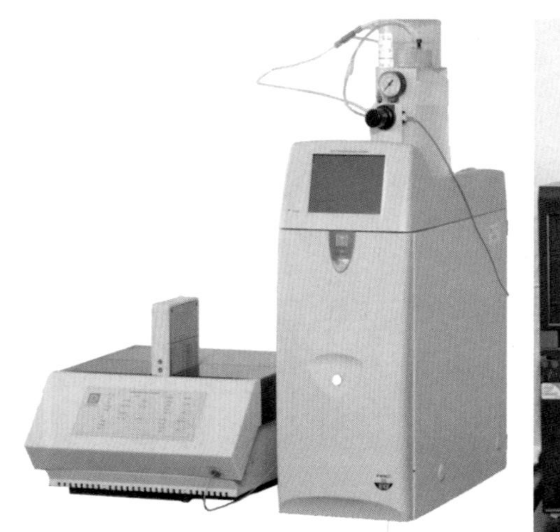
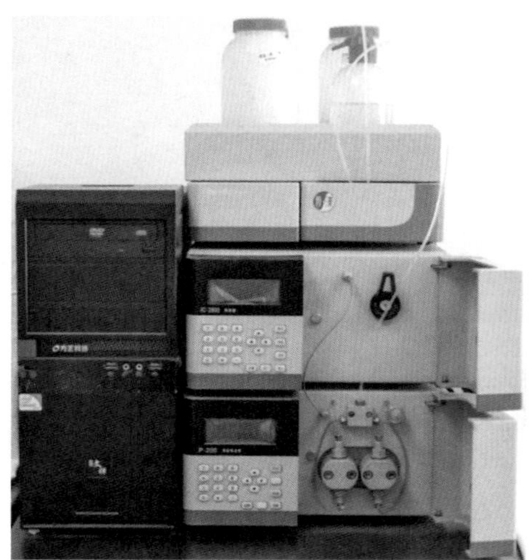

离子色谱仪

稳定同位素质谱仪：根据带电粒子在电磁场中能够偏转的原理，按物质原子、分子或分子碎片的质量差异进行分离和检测物质组成，可提供 D/H、$^{13}C/^{12}C$、$^{15}N/^{14}N$、$^{18}O/^{16}O$、$^{34}S/^{32}S$(SO_2 和 SF_6)、$^{28}Si/^{29}Si$ 等同位素比的测定，同样也可测定 Ar、Kr 和 Xe 同位素比。

三级四级杆串联质谱仪：真空环境下，使经由色谱仪的样品进入离子源，利用热电子对汽化的样品进行轰击产生正离子，将正离子送入四级杆系统，产生质谱信号。改变扫描电压，不同质量数的离子就相继产生了质谱图。主要应用于烃源岩抽提物或石油族组分复杂有机化合物的多组分定性及定量分析。

单体烃同位素质谱仪：气相色谱-质谱色谱仪融合了质谱仪和色谱仪的优势，可对未知样品进行快速精准地定性和定量分析。TRACE GC Ultra 气相色谱仪 + MAT253 稳定同位素质谱仪，可对不同物质的成分及其中的 C、N、O、H 的稳定同位素组成进行测定，可对烃源岩抽提物或石油族组分有机化合物单体烃碳同位素分析。

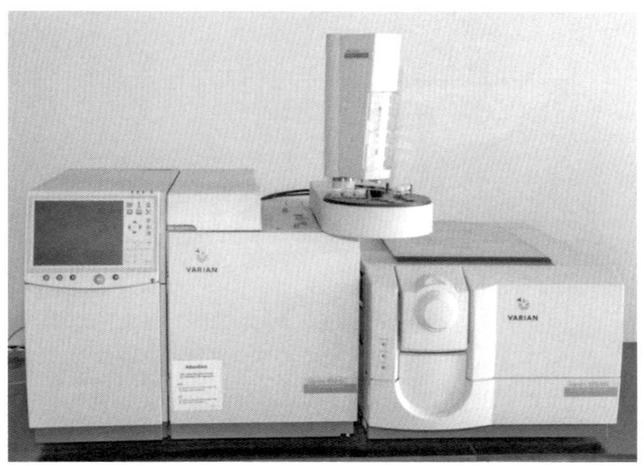

稳定同位素质谱仪

三级四级杆串联质谱仪

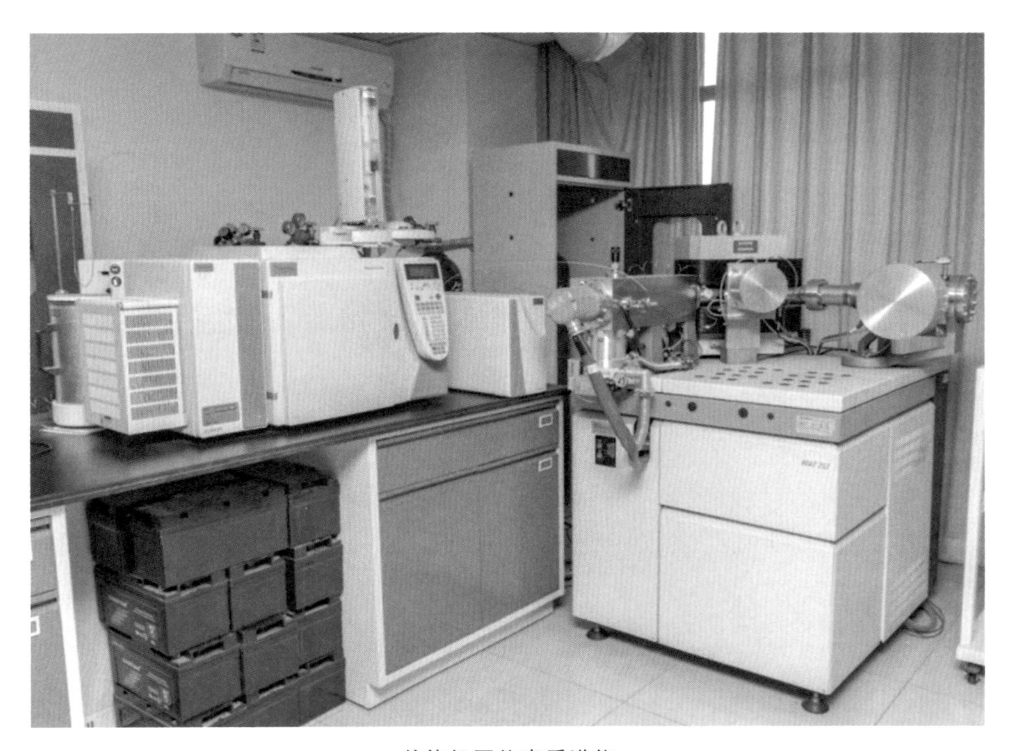

单体烃同位素质谱仪

3.1.2 成藏分析

高温高压热模拟仪：通过高温高压，使生油岩或者有机质在短时间内迅速发生物理化学反应而生成油气。

油气运移追踪分离器：在完全相同情况下，逐点追踪油气运移方向。

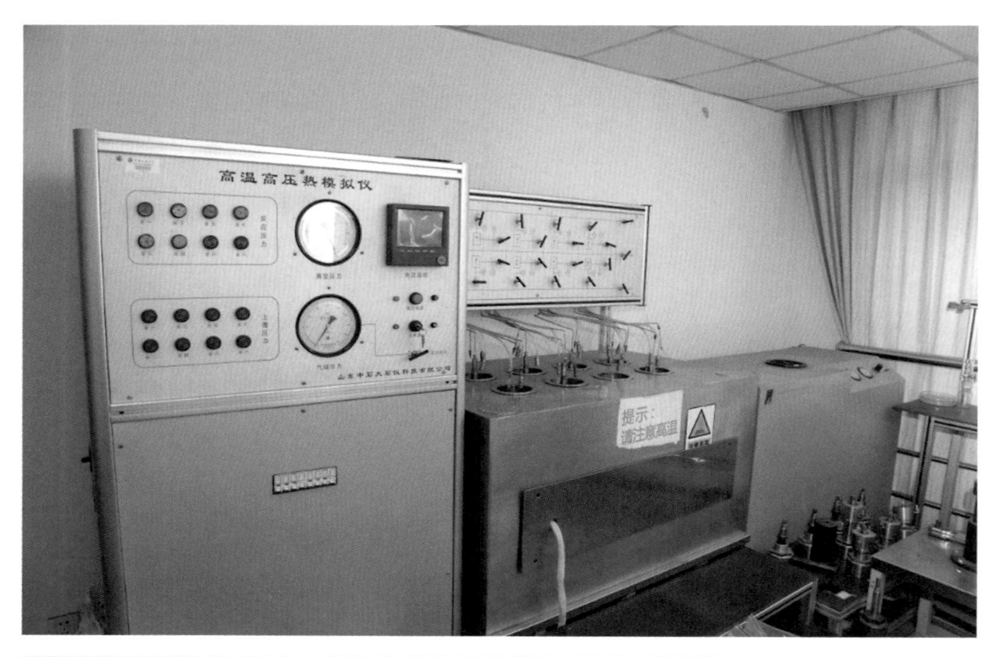

高温高压热模拟仪

油气运移和成藏追踪分离器

油气评价工作站：可对岩屑进行热解分析，得到生烃潜量，开展烃源岩评价。把粉碎过的岩石样品加热，使其中的烃类热蒸发成为气体，并使干酪根、沥青质、胶质等热裂解为挥发性的烃类产物，以氢火焰检测器加以定量鉴定。

红外碳硫分析仪：主要采用燃烧法对固体原材料中的碳、硫等元素含量进行定量分析。

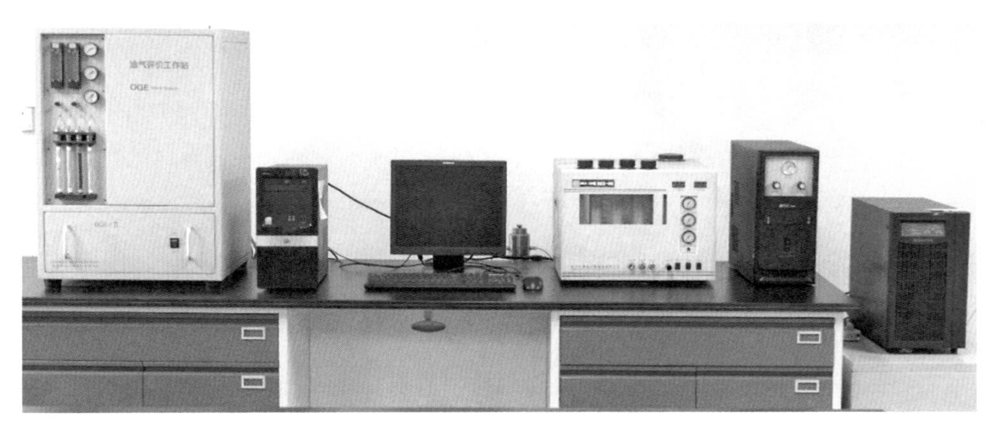

油气评价工作站

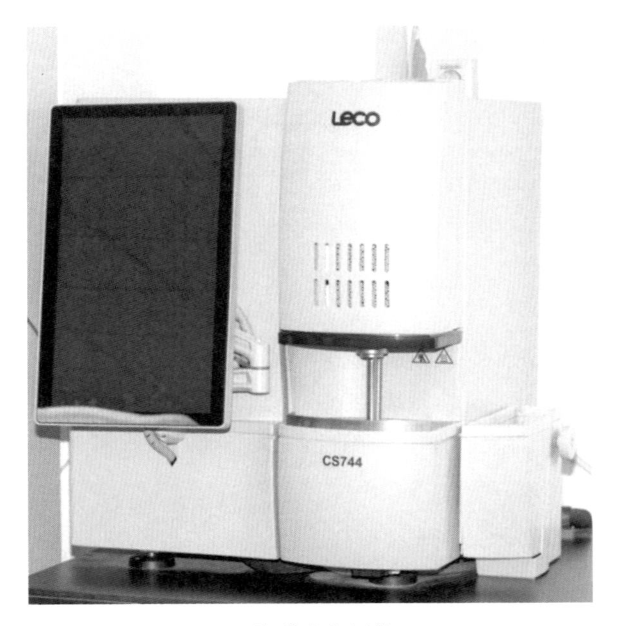

红外碳硫分析仪

高压瓦斯吸附仪

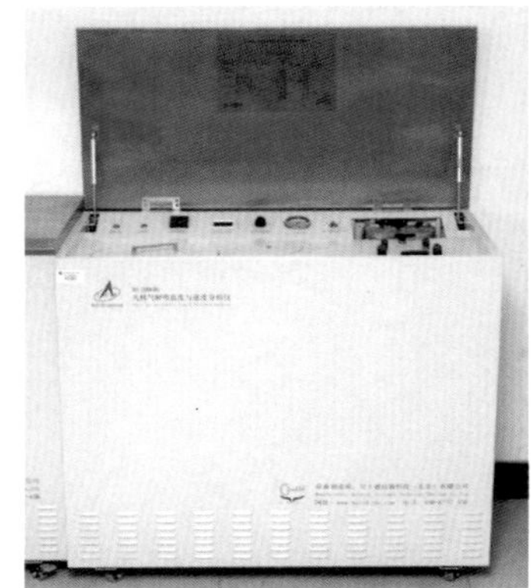

天然气解吸温度与速度分析仪

高压瓦斯吸附仪：采用静态容量法原理，获得甲烷、二氧化碳等气体的高压吸附和脱附数据。

天然气解吸温度与速度分析仪：测定天然气的解吸温度和速度等数据。

3.2 油气储层物性实验仪器与设备

3.2.1 光学显微镜

金相显微镜：透、反、偏、荧光显微镜可用来研究结晶矿物，主要用于对各种晶体、岩石、矿物以及具有双折射的物质进行观察和鉴定，可进行单偏光观察、正交偏光观察、锥光观察及显微摄影，观察物体在加热状态下的形变、色变及物体的三态转化。

3.2.2 扫描电子与原子力显微镜

离子溅射仪：扫描电镜和电子探针的试样前处理设备，为试样表面镀覆导电膜。可进行真空蒸碳、真空镀膜和离子溅射。

氩离子抛光机：使用氩离子束轰击样品表面对样品进行抛光，去除损伤层，从而得到高质量样品，常用于镜下成像试样的前期抛光，适用于大多数材质样品的抛光制备。

偏光显微镜群

显微光度计

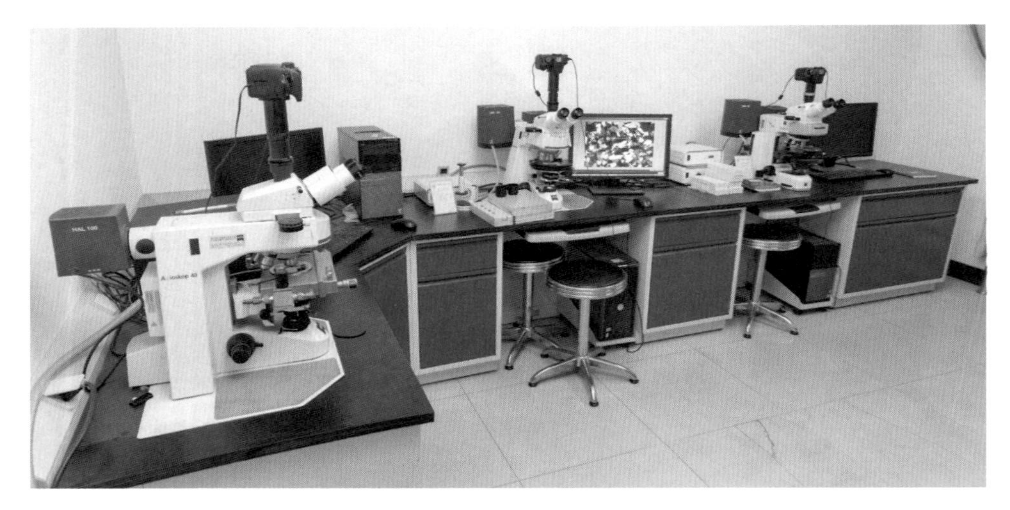

偏光显微镜

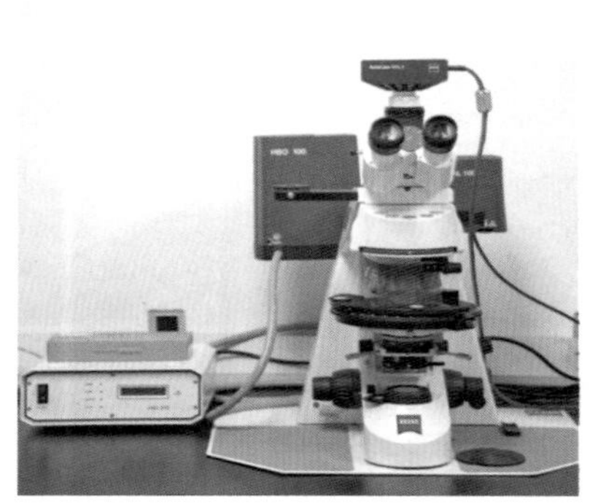

偏反透荧光显微镜

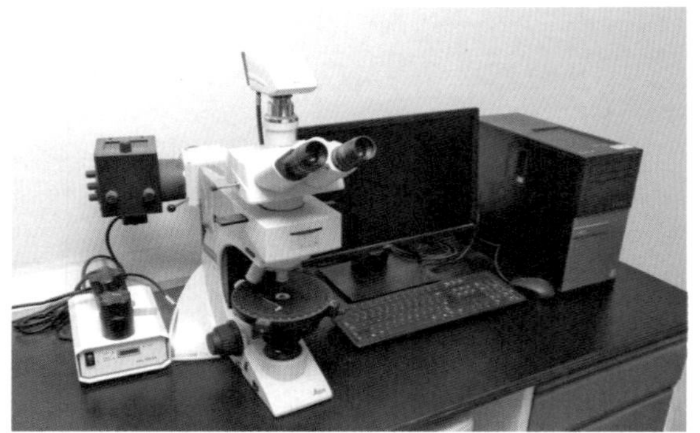

金相显微镜

离子溅射仪

氩离子抛光机

扫描电子显微镜：使用聚焦非常细的高能电子束在试样表面上扫描，对接收的二次电子、背散射电子或吸收电子等信息进行成像，获得试样表面的形貌、矿物组成、晶体结构等信息。

原子力显微镜：利用微悬臂感受和放大悬臂上尖细探针与受测样品原子之间的作用力来获得物质表面的形貌信息，从而达到检测的目的，具有原子级的分辨率。

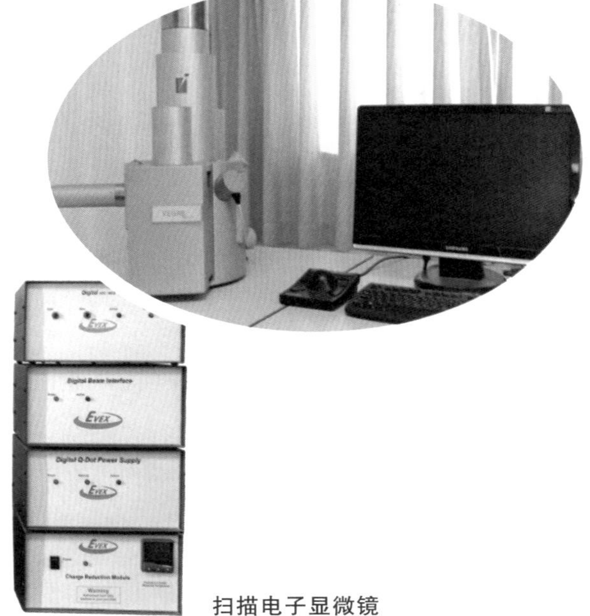

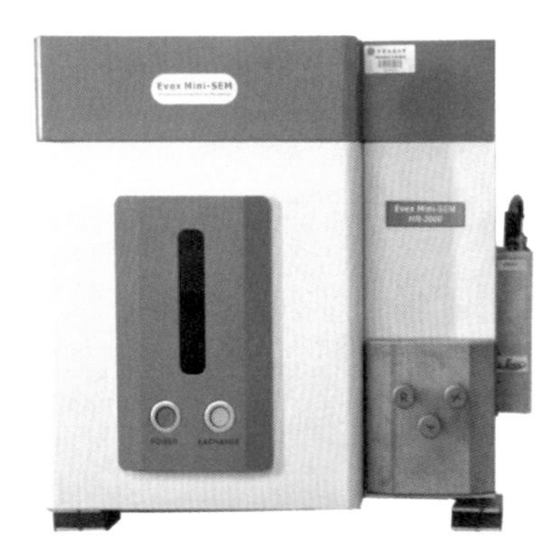

扫描电子显微镜

原子力显微镜

3.2.3 岩石颗粒骨架实验仪器与设备

元素分析仪：借助 X-射线衍射原理进行元素及矿物成分的快速检测。

阴极发光仪：当电子束轰击样品时，不同的矿物将产生颜色、强度等各不相同的荧光（称为阴极发光），据此可对不同矿物成分、胶结顺序、成因来源等特征进行分析。

激光粒度分析仪：当照射到颗粒群时，激光将发生散射和衍射。颗粒所能获得的光能量大小与其粒级呈正比，从特定角处进行观察，光的能量占总光能量的比例，反映了粒级的分布丰度。

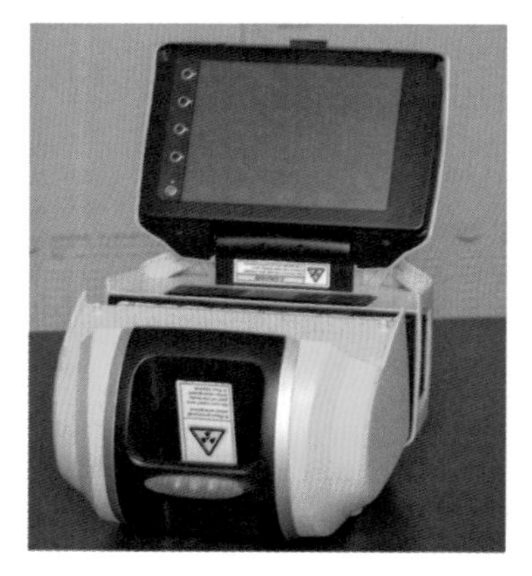

元素分析仪

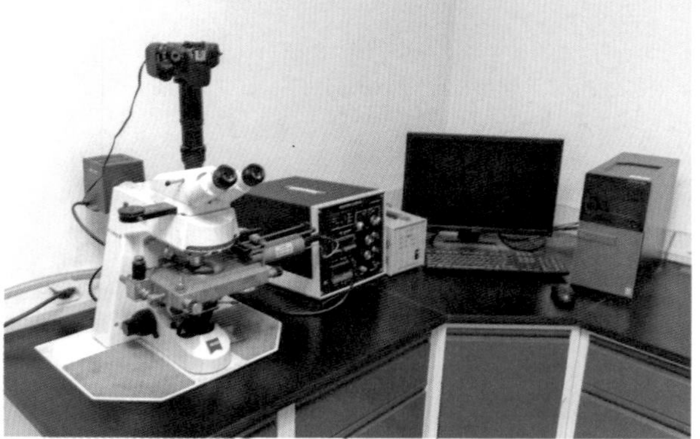

阴极发光仪

激光粒度分析仪

岩石比表面测定仪（空气透过法）：比表面指多孔固体物质单位质量所具有的表面积。根据 Kozeny-Carman 原理公式，当岩样孔隙度一定时，可通过测量其渗透能力来确定岩石的比表面。

岩石比表面测定仪（吸附法）：在一定温度和压力范围条件下，测量岩样的吸附等温线，据此计算比表面。

孔径分析仪：采用与吸附法比表面测定仪相同的原理，计算获得孔径大小和分布。

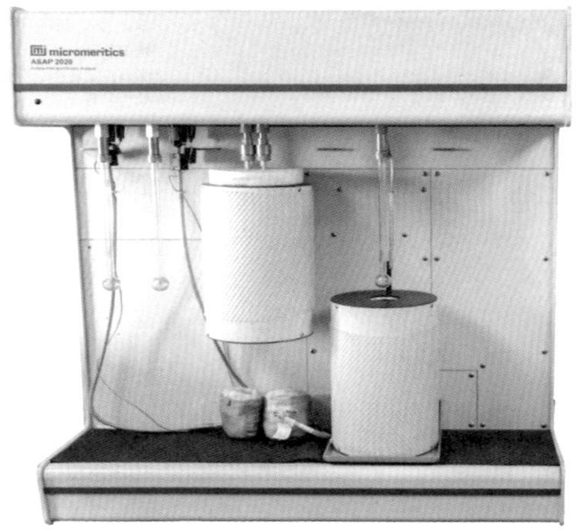

岩石比表面测定仪（左：空气透过法；右：吸附法）

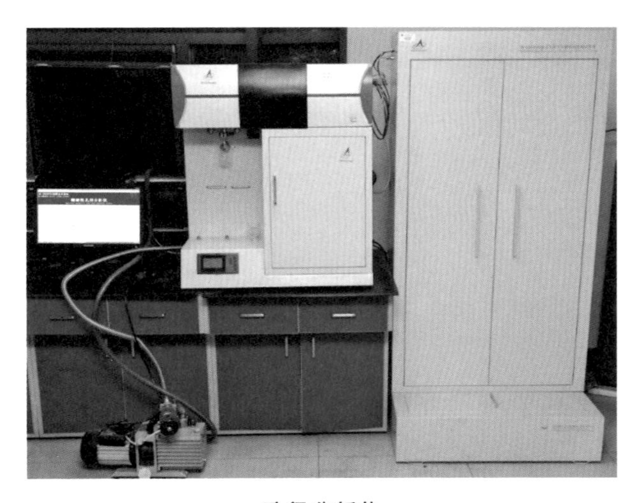

孔径分析仪

接触角测量仪：测量液体对固体的接触角。

界面张力仪：测量液-气或液-液的界面张力。

全自动工业分析仪：测定煤、焦炭或其他有机物中的水分、灰分、挥发分以及固定碳的含量。

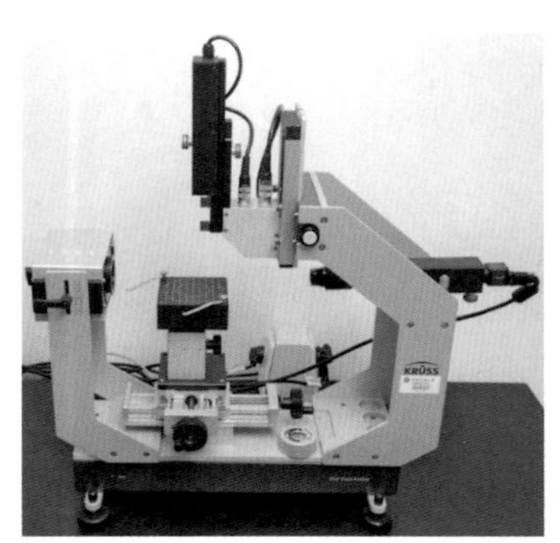

接触角测量仪

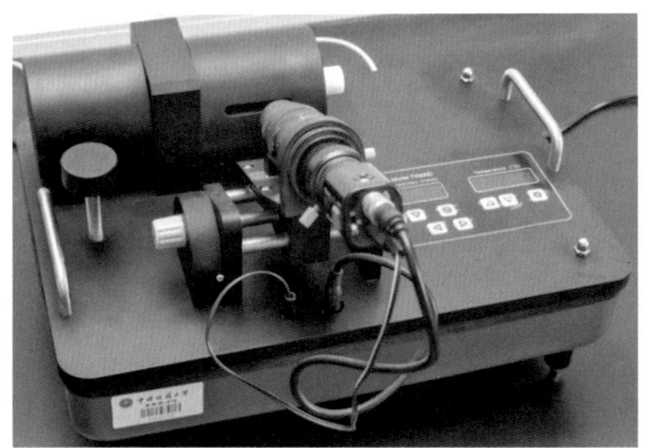

界面张力仪

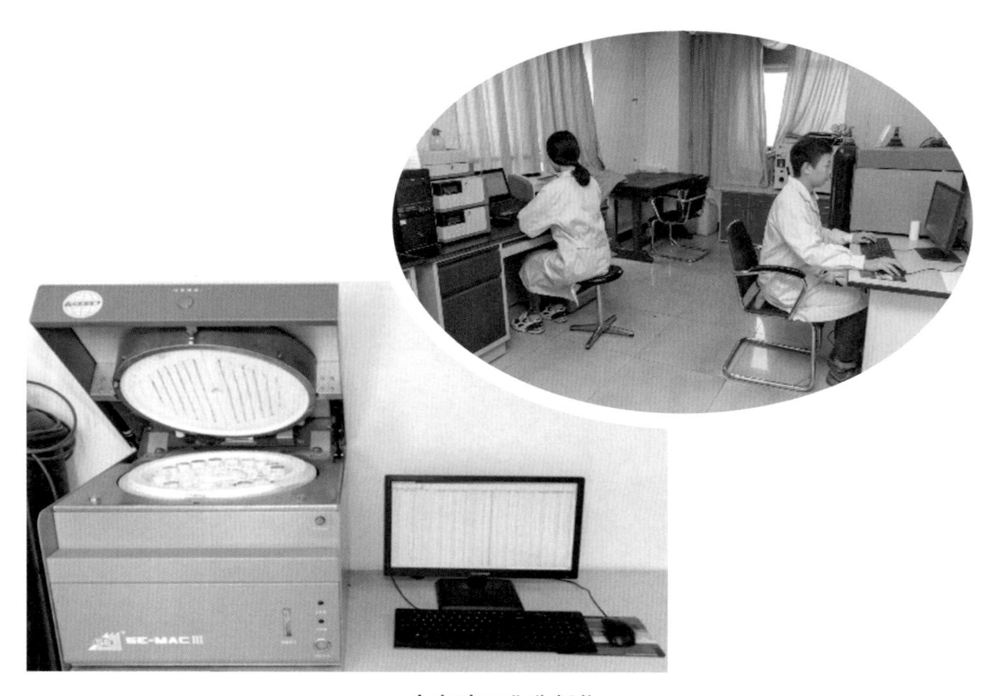

全自动工业分析仪

3.2.4　储层物性实验仪器与设备

气体孔隙度测定仪：在设定的初始压力下，使氮气或氦气向已知体积的常压样品中进行等温膨胀。根据波义耳定律，可计算岩石骨架的体积，据此可进一步获得岩石孔隙度。

气体渗透率仪：以稳态法气体达西定律为理论基础，可对岩心的气体渗透率进行测量。

孔渗联测仪：将孔隙度和渗透率测量方法和过程置于同一台仪器中进行同时测量。

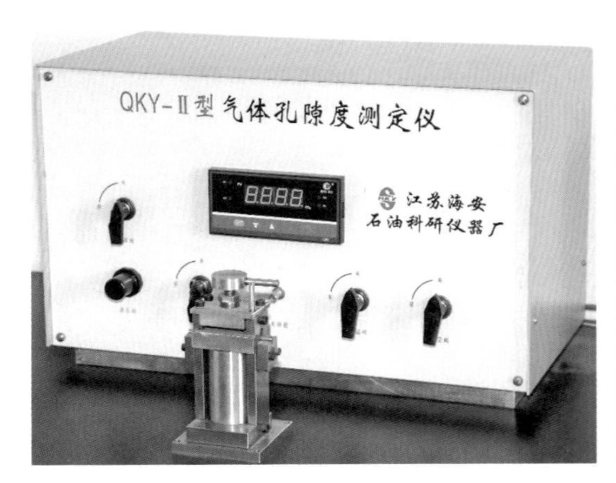

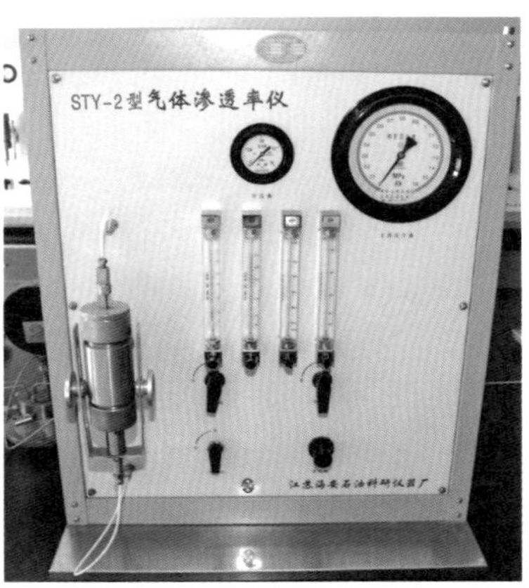

气体孔隙度（左）和渗透率测试仪（右）

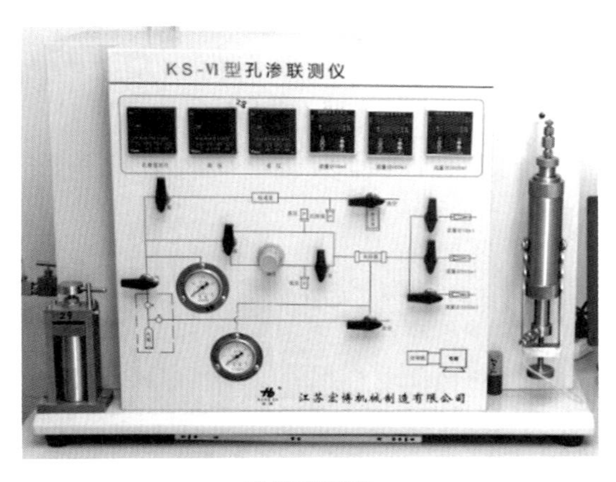

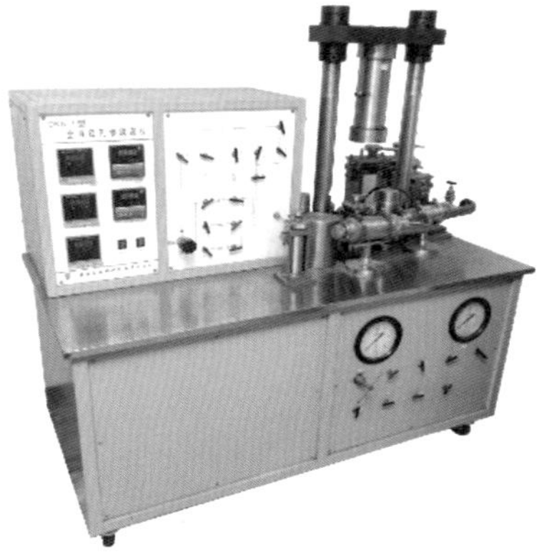

孔渗联测仪　　　　全直径孔渗联测仪

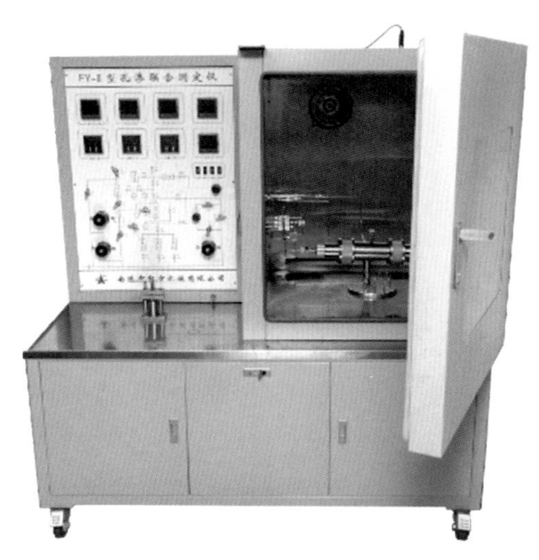

高温高压孔渗联测仪

压汞仪：使用汞侵入法，即通过施加不同的压力，测得压力与压入汞的体积，来测定岩样的总孔体积、孔径分布、孔隙率、比表面积、样品密度、中值孔径、孔隙度、颗粒分布等参数。

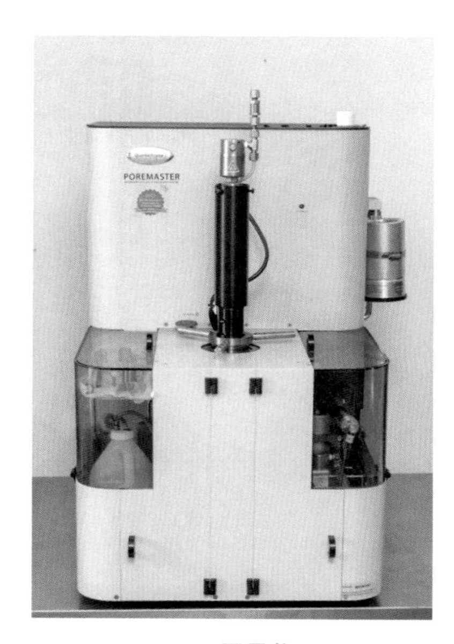

压汞仪

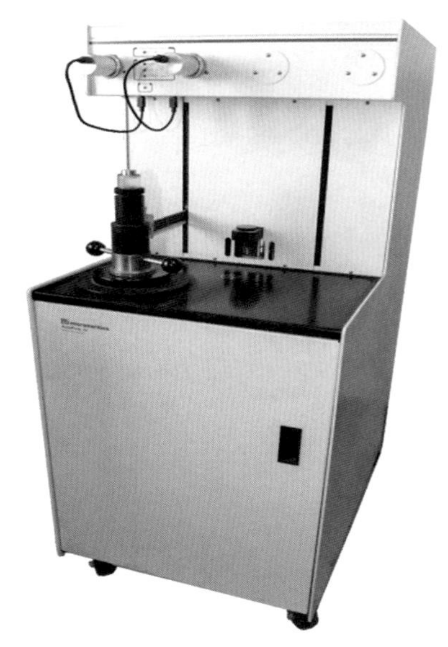

全自动压汞仪

全自动气体吸附分析仪：可进行动态或静态化学吸附、表面积及孔隙度等分析，进行单点、多点BET比表面积、Langmuir比表面积、BJH中孔分布、孔径及总孔体积等多种数据分析。

脉冲法渗透率仪：将待测岩心使用盐水饱和，然后置于两端均连接有标准室的夹持器中。在夹持器的第一标准室中施加脉冲压力信号，记录压力在第一标准室、岩心室和第二标准室中的压力衰减变化，从而达到计算岩心渗透率目的。

核磁共振仪：将岩样置于特定的磁场中，使用射频脉冲对其进行激发，具有自旋性质的原子核在核外磁场作用下，可吸收射频辐射而产生能级跃迁、释放能量并按特定频率发出射电信号，将此信号进行计算机成像，即可得核磁共振图像。

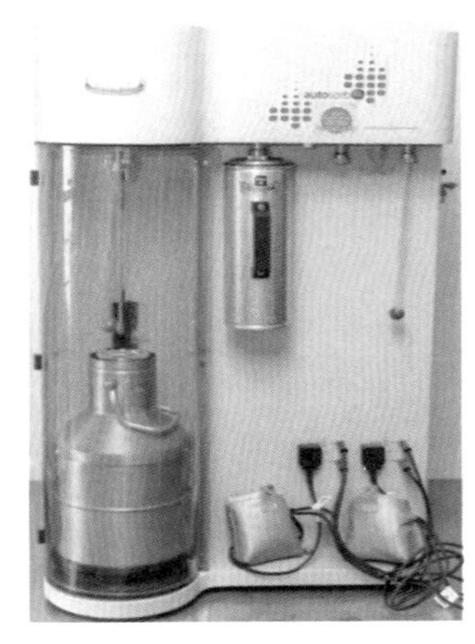

全自动气体吸附分析仪

脉冲法渗透率仪

核磁共振仪

3.3 油气田开发实验仪器与设备

3.3.1 原油物性

分析天平：一般是指能精确称量到 0.1 mg 的天平。

色度计：将要测定的石油试样注入比色管内，与标准色片相比较以确定色度色号。

旋光仪：测量石油试样的旋光度。

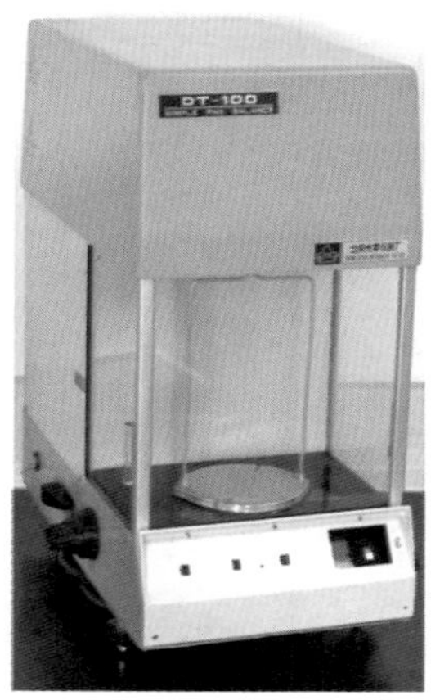

分析天平

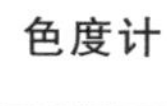

色度计

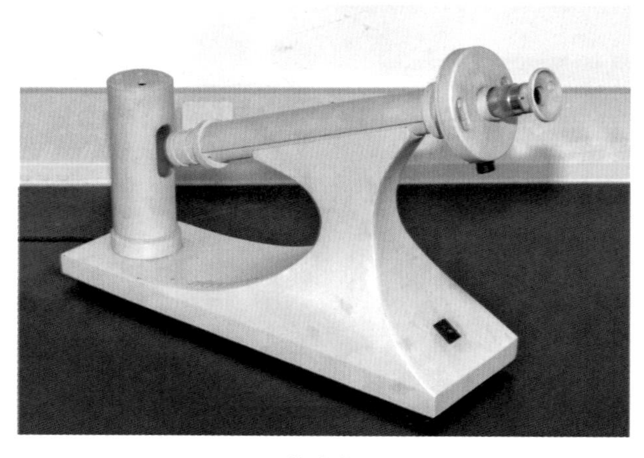

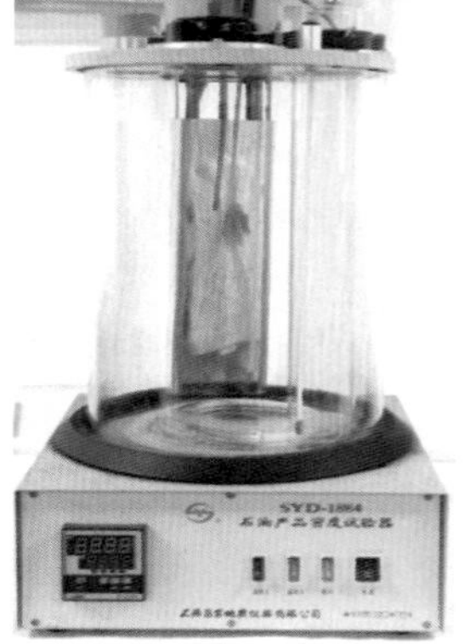

旋光仪

密度计

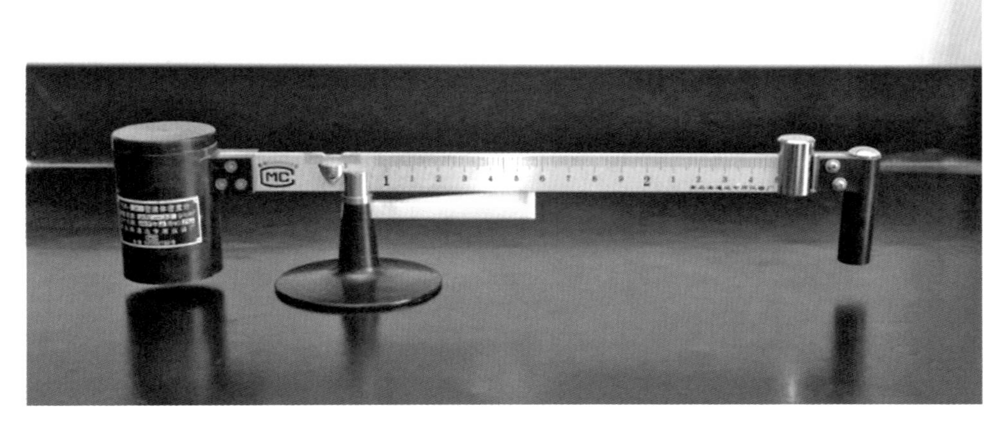

液体密度计

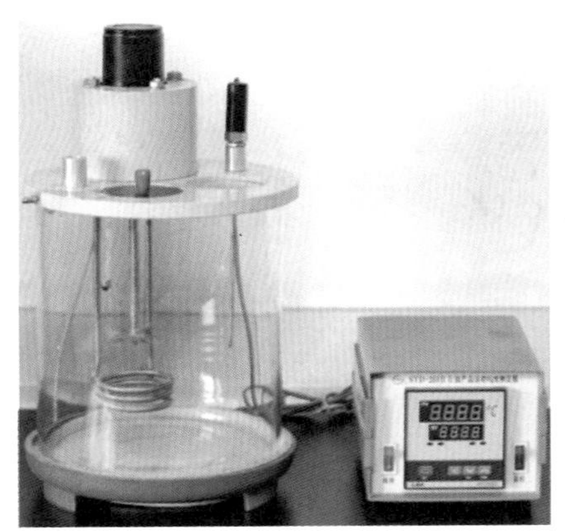

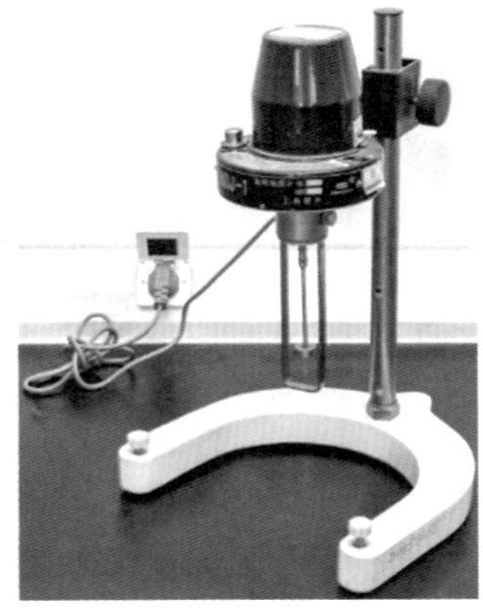

黏度计　　旋转黏度计　　数显黏度计

3.3.2　油气藏开发机理与数值模拟实验仪器与设备

流体力学综合实验仪：集雷诺、伯努利、沿程阻力、局部阻力及文丘里流量计校核等实验于一体的综合实验台。

垂直管流模拟实验装置：用于观察研究气液两相混合物在垂直管（模拟井筒）中的流动形态。

气体平面径向稳定渗流模拟实验装置：以稳定渗流理论为基础，模拟水平地层中不可压缩流体的平面径向稳定渗流过程。

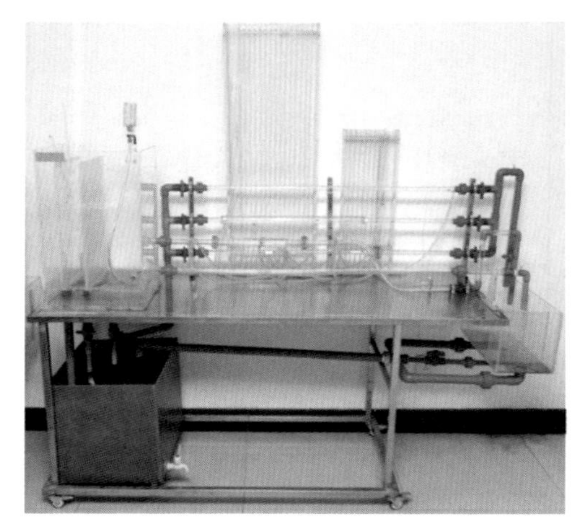

流体力学综合实验仪

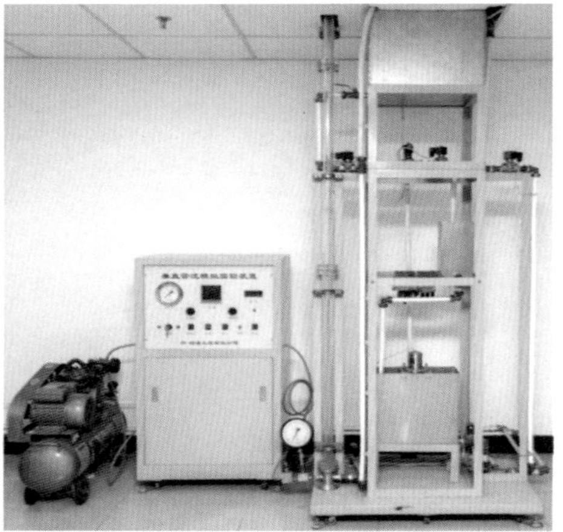

垂直管流模拟实验装置

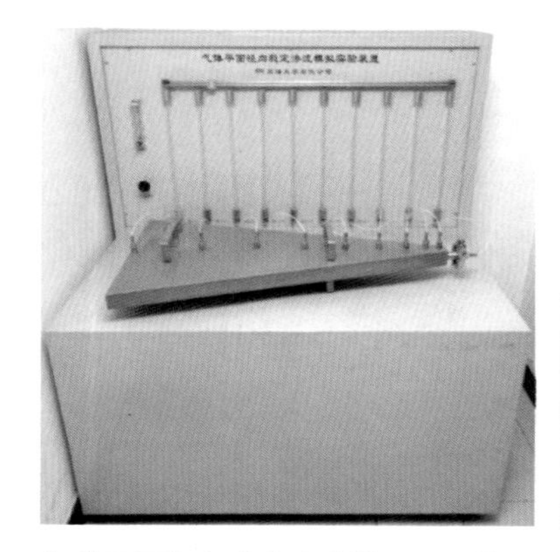

气体平面径向稳定渗流模拟实验装置

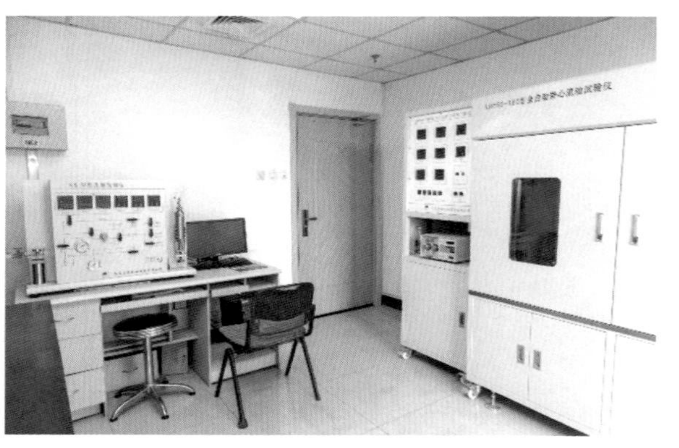

全自动岩心流动试验仪

全自动岩心流动试验仪：主要用于敏感性试验、液体渗透率测定、酸化、压裂、堵水、调整注采剖面等采油工艺研究实验以及用于提高采收率研究的二次采油实验。

钻机与抽油机模型：按 1∶20 和 1∶7 要求，等比制作钻机和抽油机。

采油树模型：按 1∶2 等比制作。

岩心抽真空饱和试验仪：模拟岩心在地层条件下的流体流动。

流变仪：用于测定液体样品的黏度、剪切应力、流动、屈服应力、触变性、黏弹性等各种流变学参数。

钻机与抽油机模型

井下作业工具和采油树模型

井下作业工具实物

岩心抽真空饱和试验仪

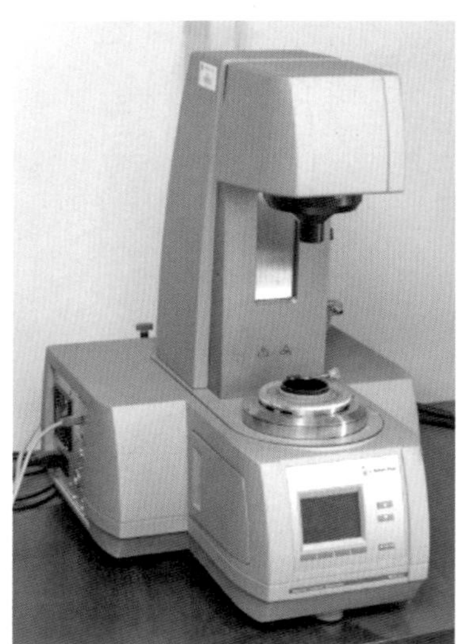

流变仪

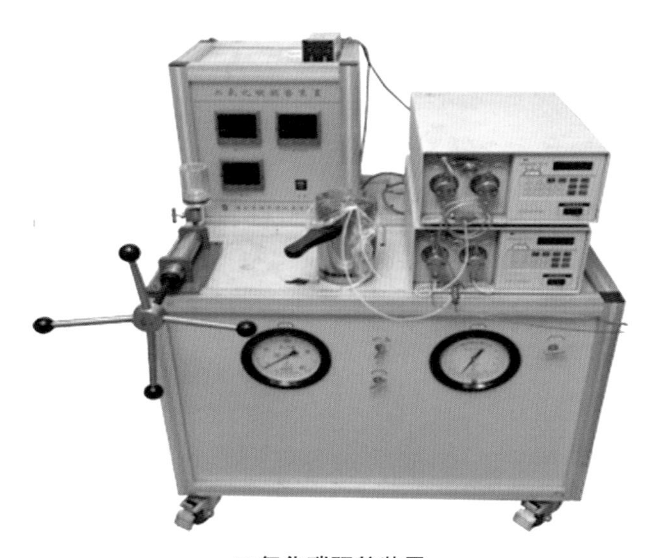

二氧化碳驱替装置

二氧化碳驱替装置：在确定温压实验条件下，对岩心进行超临界二氧化碳、水、气及化学等多种驱替模拟试验，开展储层敏感性、采油化学剂性能、采油工艺及提高采收率等研究。

3.4　实验测试成果示例

3.4.1　有机地球化学测试示例

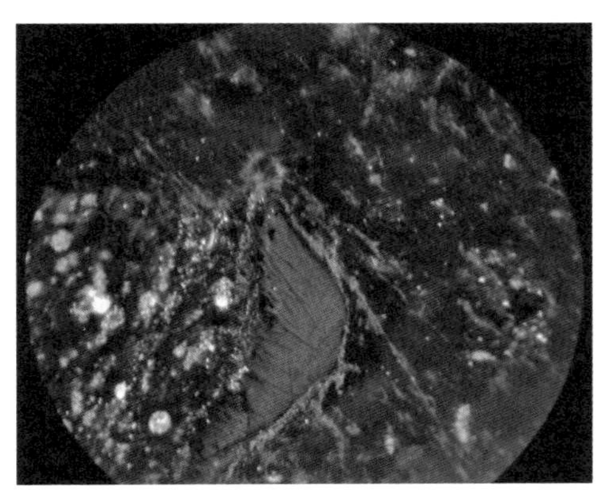

镜质体碎片（可能是木质部）

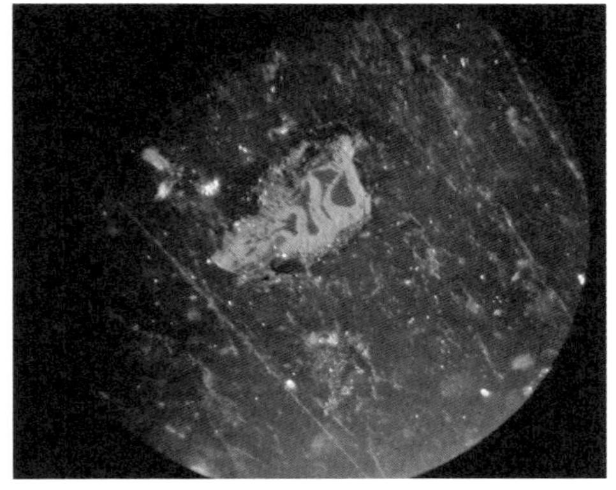

有胞腔的有机碎片，其内填充沥青

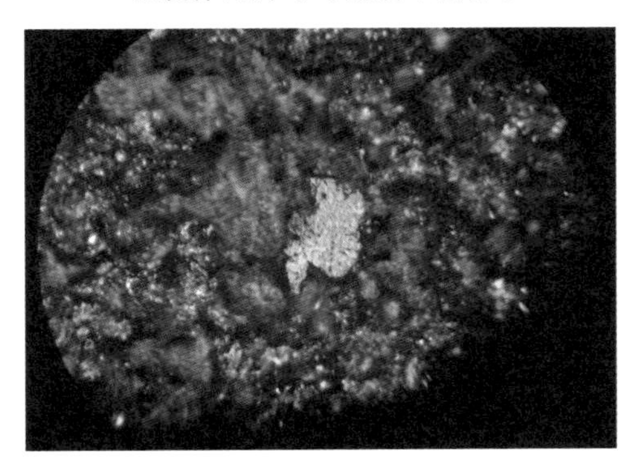

炭化沥青，R_o 大约为 2%

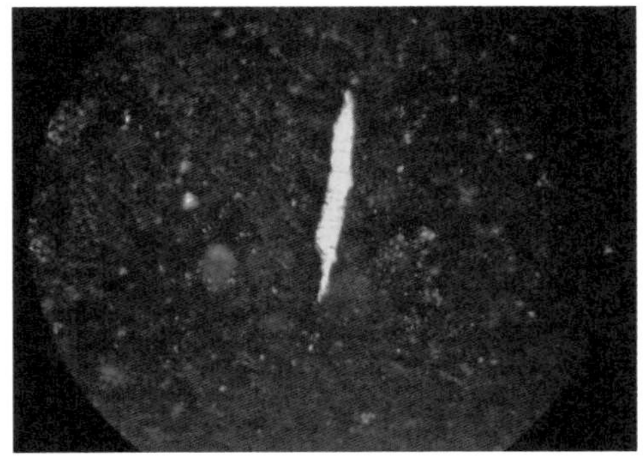

有机质碎片，油浸 R_o=4%

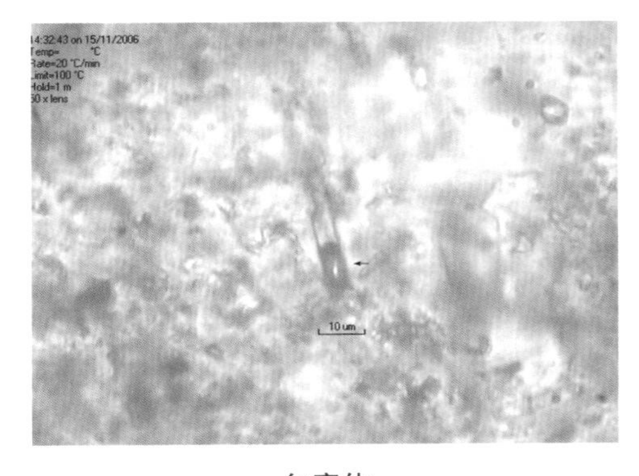

包裹体

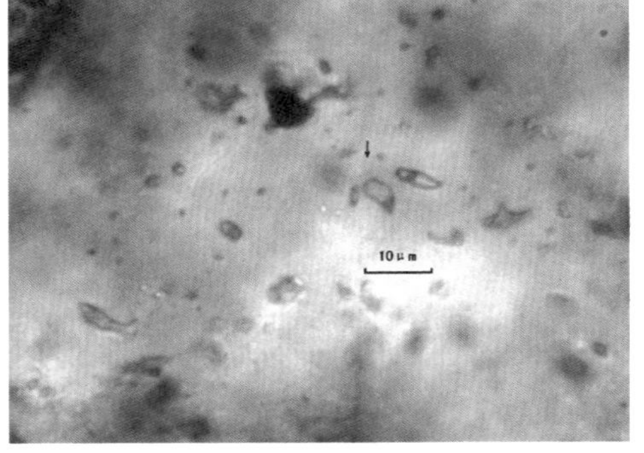

包裹体

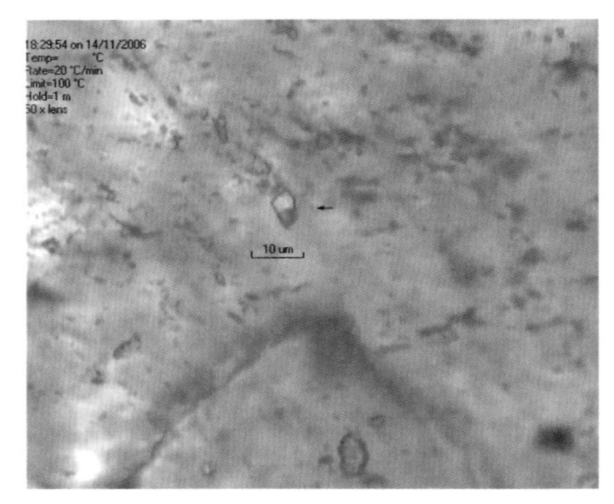

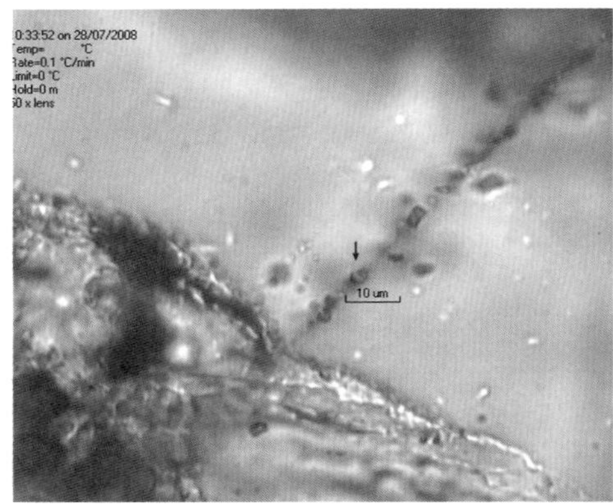

包裹体　　　　串珠状包裹体

3.4.2 储层物性测试示例

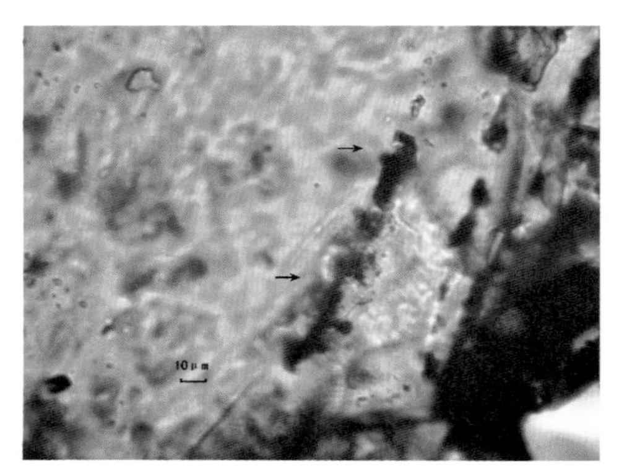

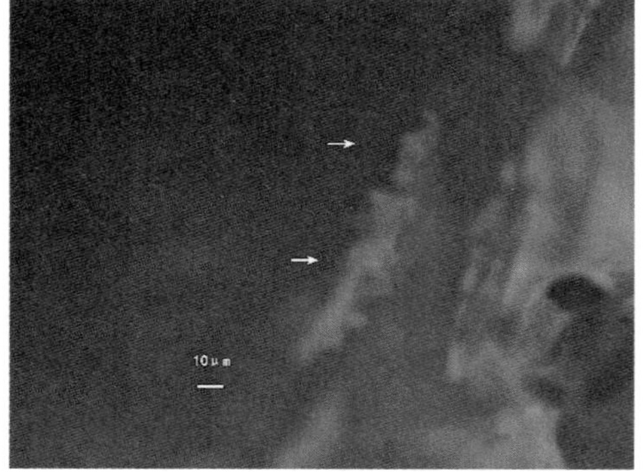

薄片（正交偏光与荧光）

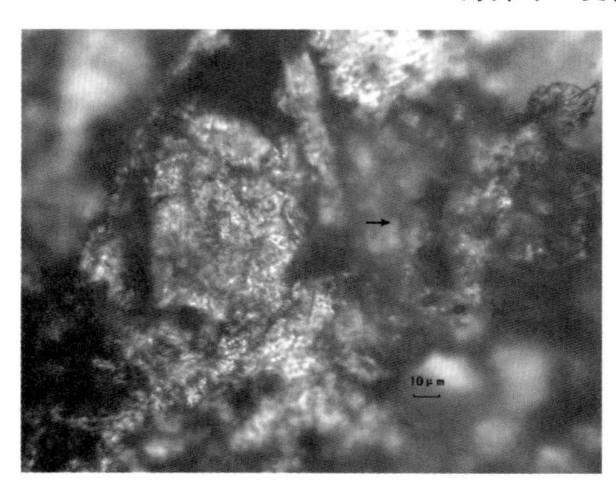

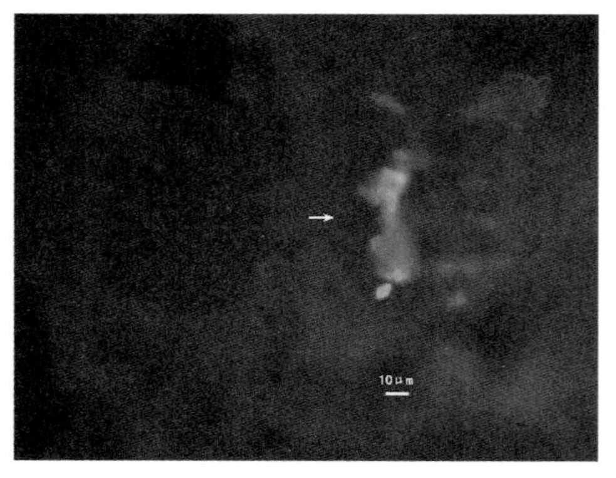

薄片（正交偏光与荧光）

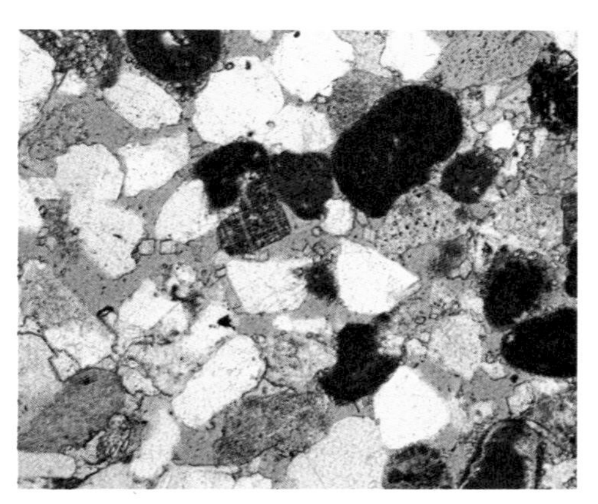
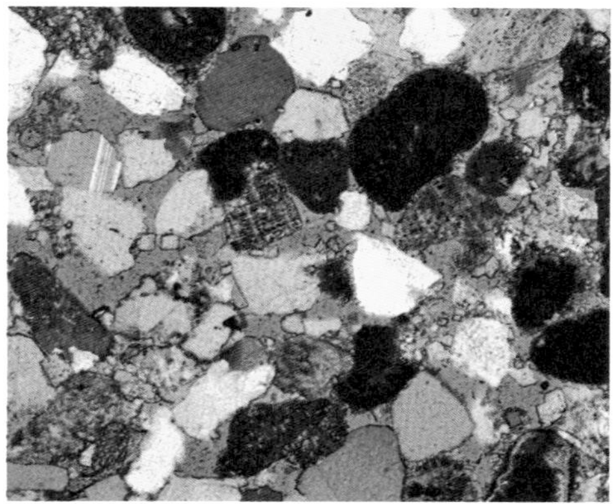

铸体薄片（正交光和偏光）

铸体薄片（正交光和偏光）

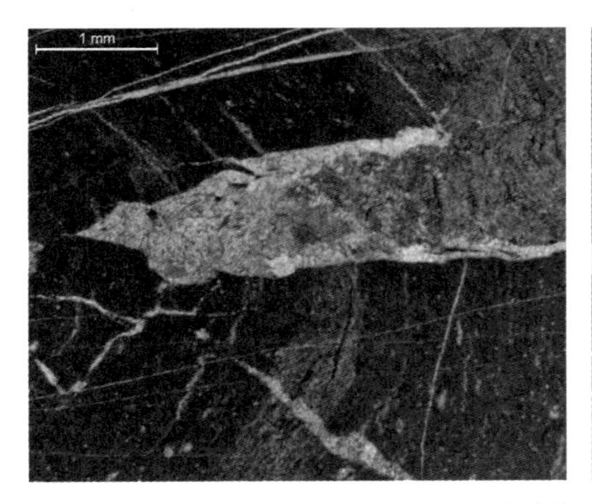

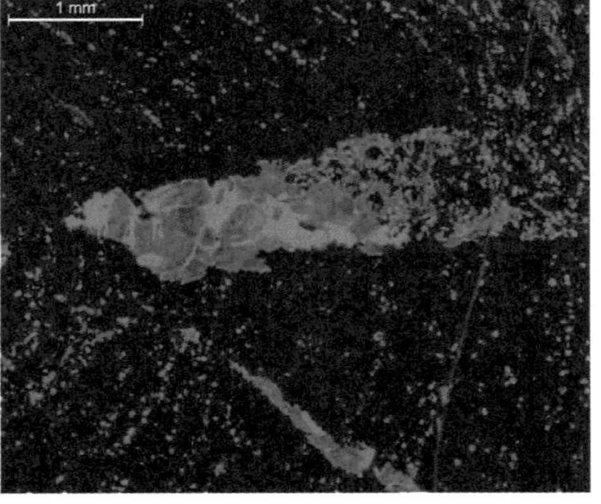

正交光与阴极发光

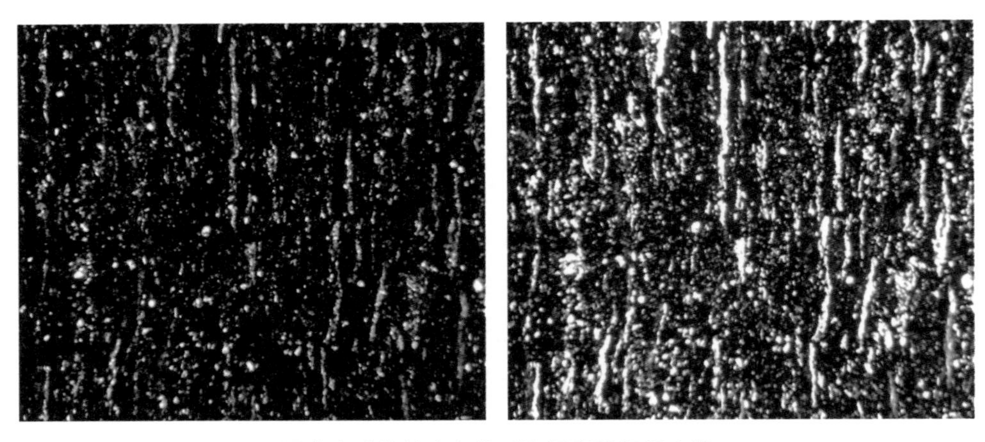

页岩中矿物的定向排列和沥青的顺层充填

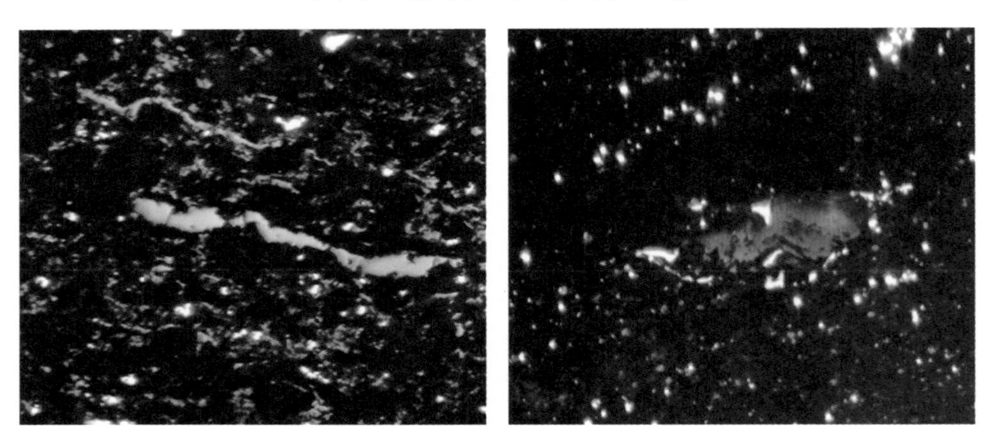

灰白色碎块状沥青

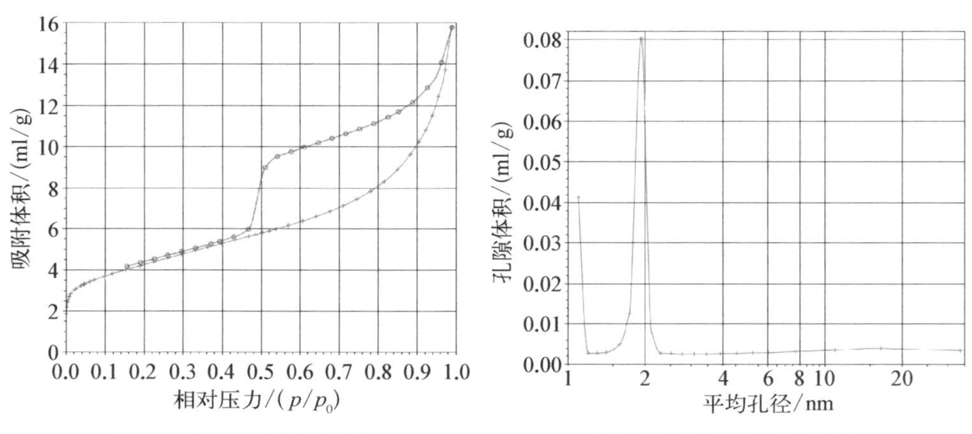

低温氮气吸附与脱附曲线

平均孔径与孔体积的分布图

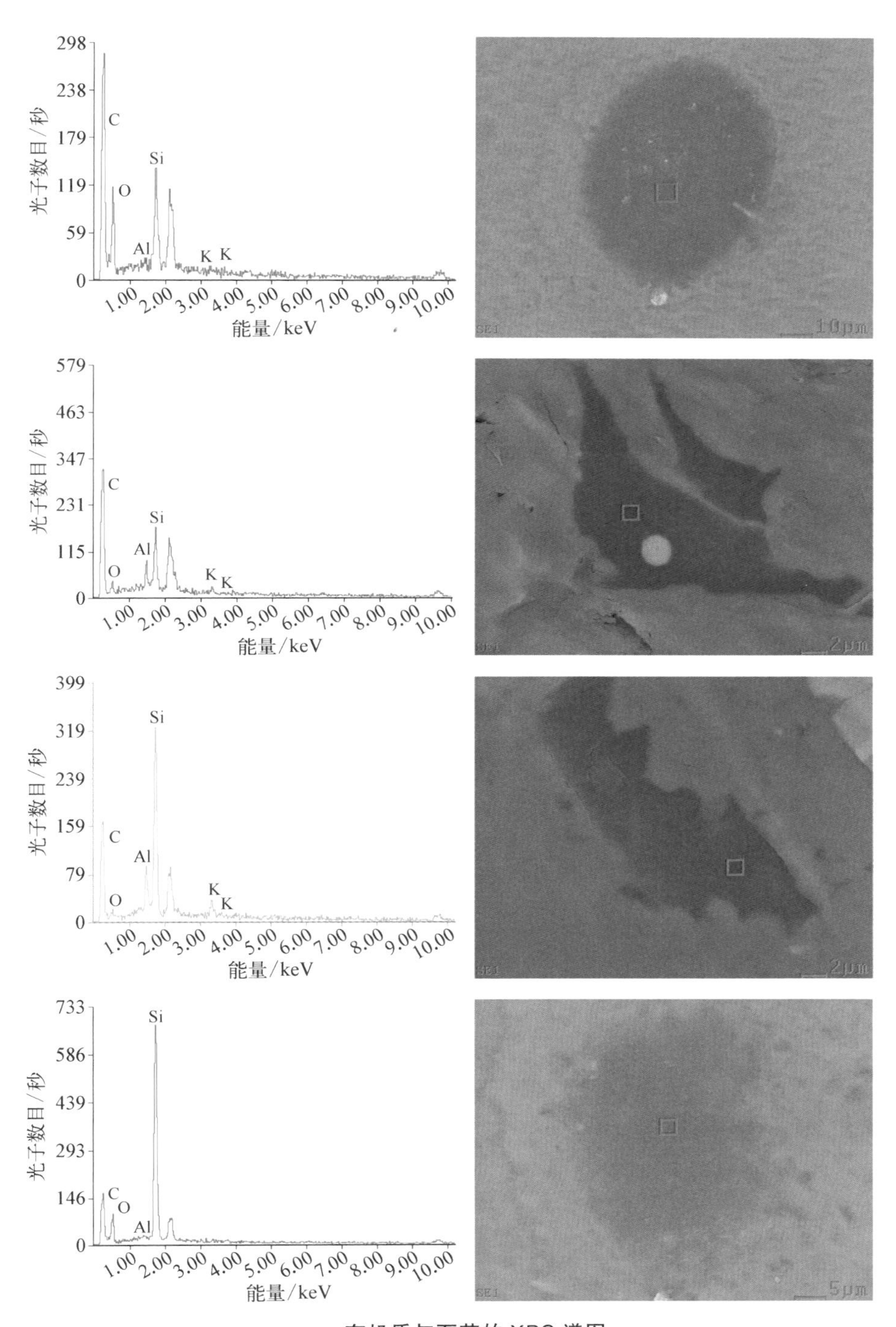

有机质与石英的 XPS 谱图

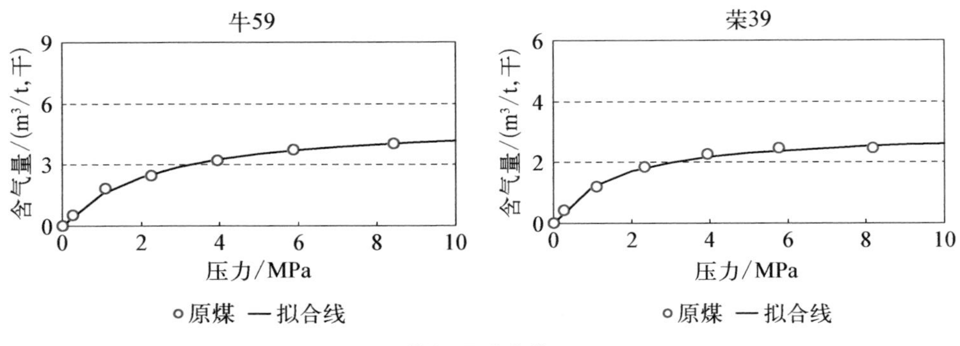
牛59
含气量/(m³/t, 干)
9
6
3
0
0
2
4
6
8
10
压力/MPa
原煤 一拟合线
荣39
含气量/(m³/t, 干)
6
4
2
0
0
2
4
6
8
10
压力/MPa
原煤 一拟合线

等温吸附曲线

第4章　实验中心特色设备与仪器（部分）

4.1　虚拟仿真实验室

虚拟仿真实验室

地质时空穿越（虚拟野外）

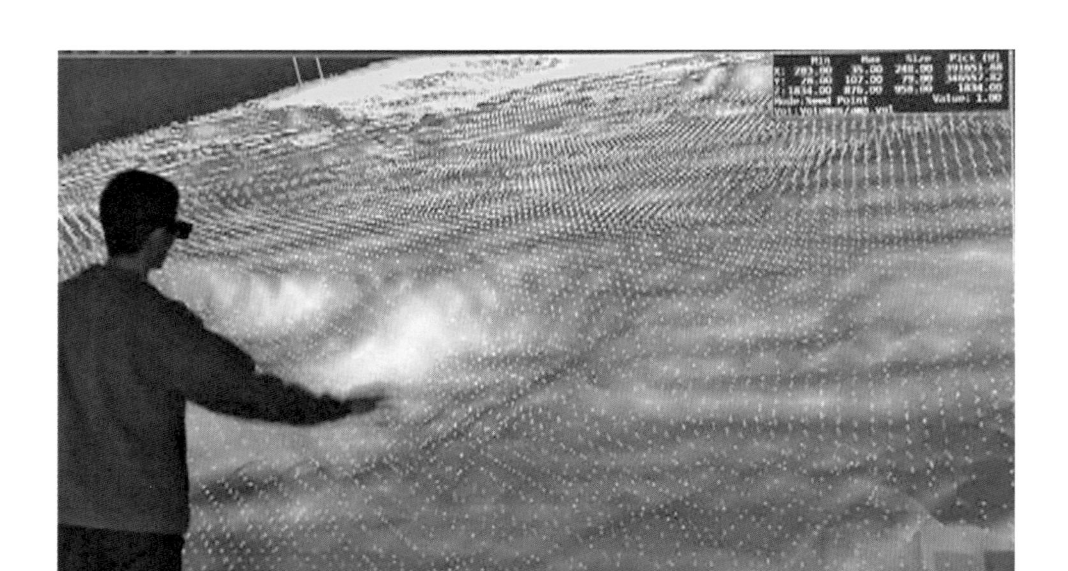

人机交互（虚拟地下）

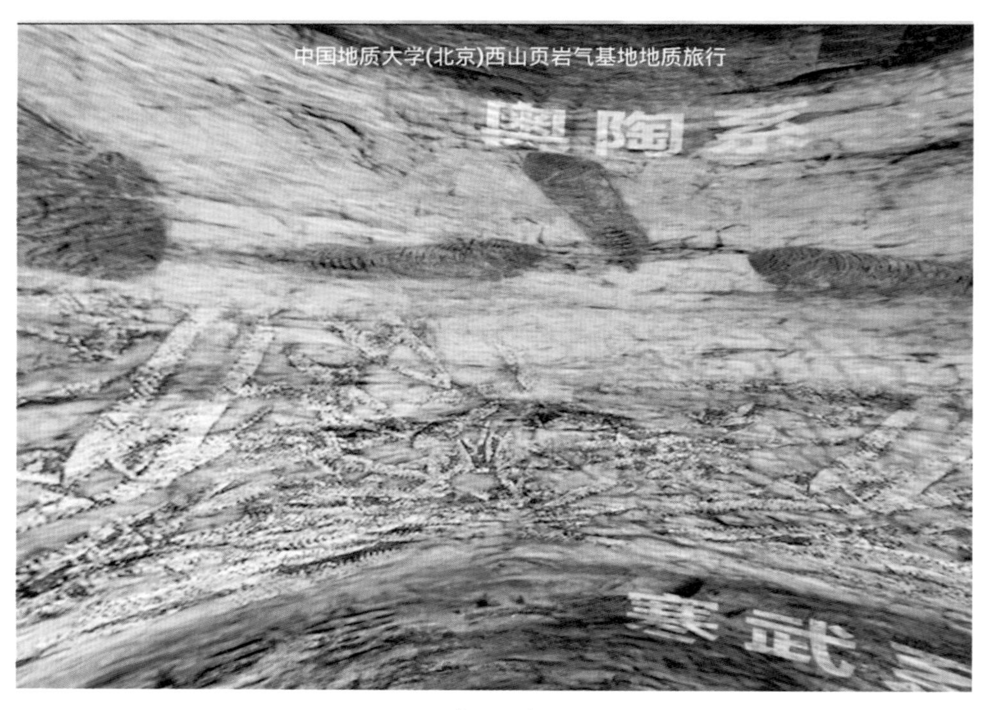

地下漫步

虚拟实验室（含气量和孔隙结构）

虚拟实验室（储层物理和同位素）

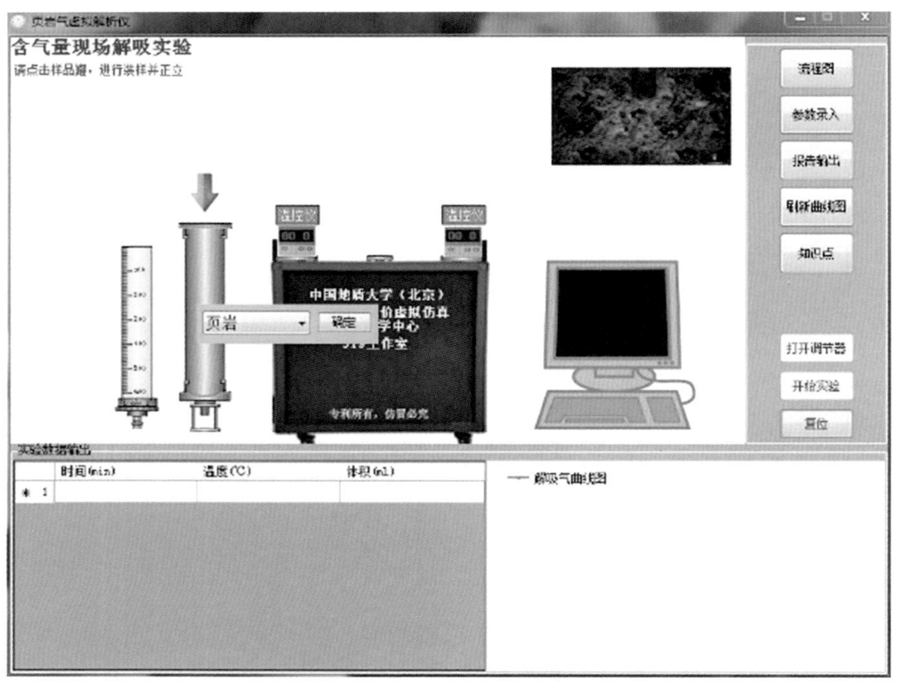

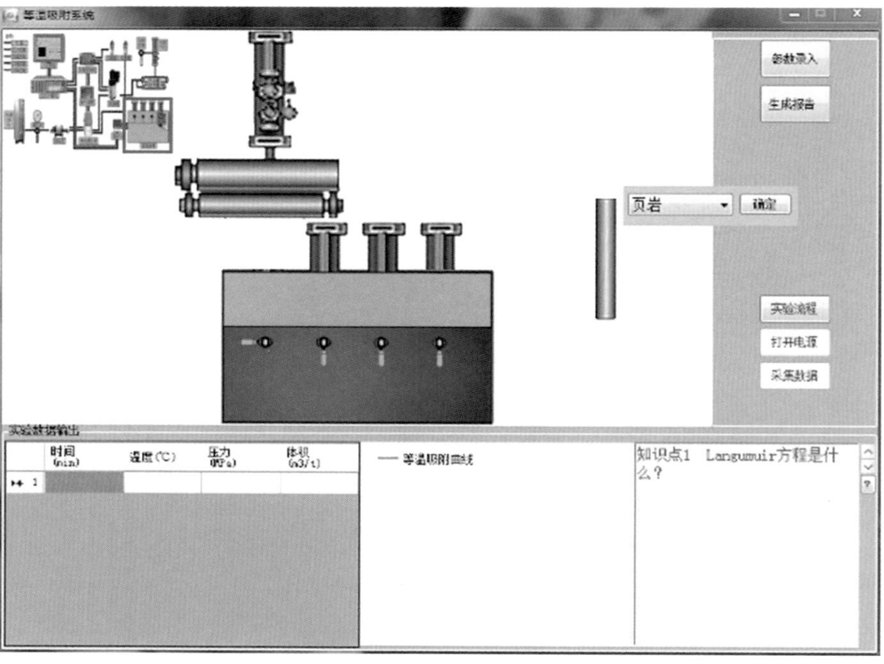

虚拟仪器（上为现场解吸，下为等温吸附）

4.2　自主研发页岩油气实验设备与仪器

万用加持取心机：专利研发产品，可对各种不规则形状岩样进行快速加持并取样。

密封破磨机：专利研发产品，可对各种矿物材料进行破碎、研磨、粉碎，具有速度快、振动弱、噪声小（60 分贝）、损耗低、性价比高等特点。

含气量分析实验室

万用加持加工机

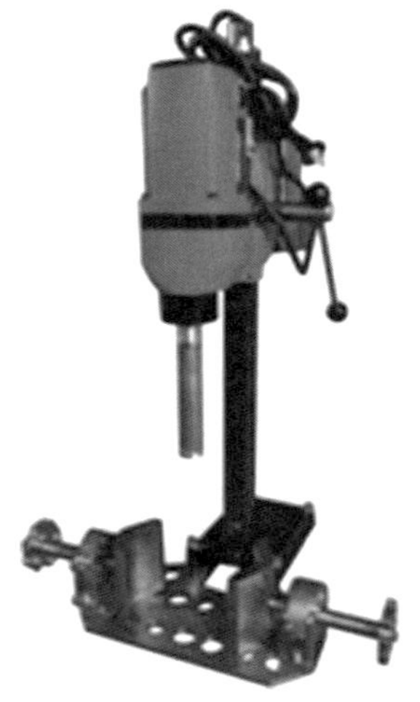

万用加持取心机

密封破磨机

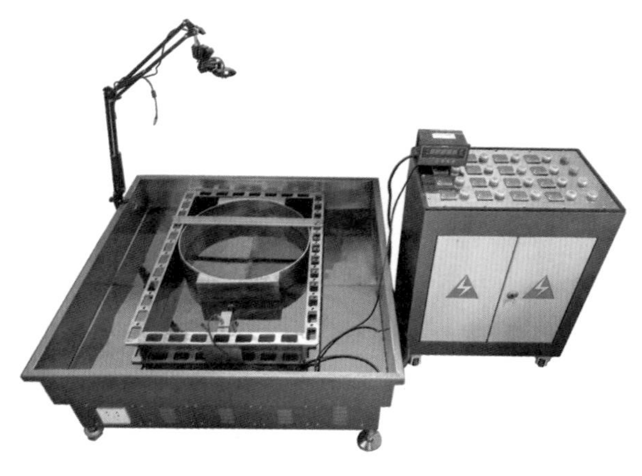

成岩裂缝模拟机

成岩裂缝模拟机：对成岩裂缝的发生机理、形成过程及主控因素等进行物理模拟，可同时开展 16 组模拟。

损失气测定仪：按照损失气测量原理设计制造，可对页岩气和煤层气进行损失气测量。

含气量解析仪：在模拟不同温度条件下，测定页岩、煤、致密砂岩或灰岩等解吸气

损失气测定仪

低温（浅层）型

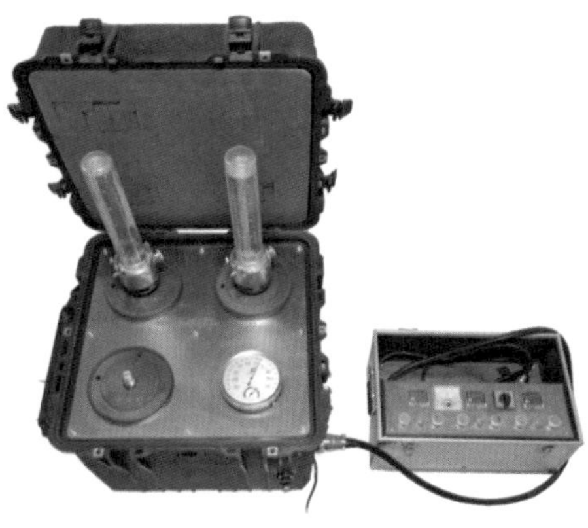

高温（深层）型

自动型

高精度含气量解析仪

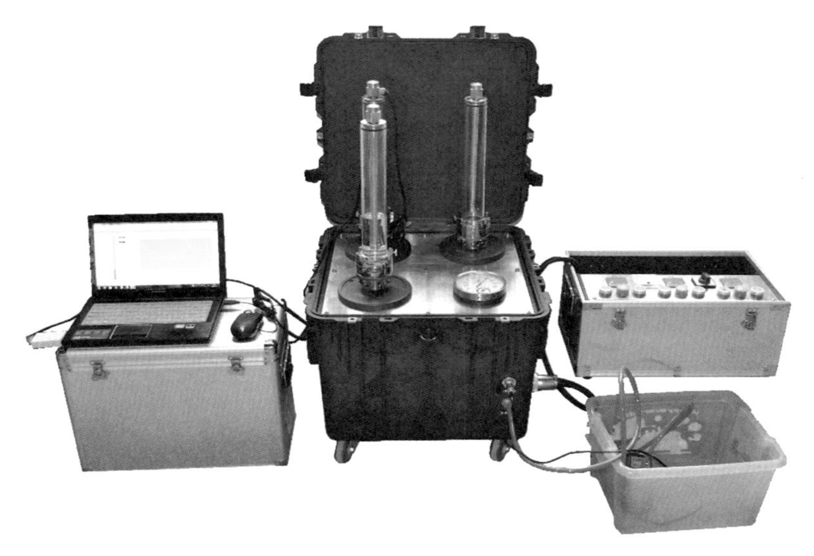

全自动含气量解析仪

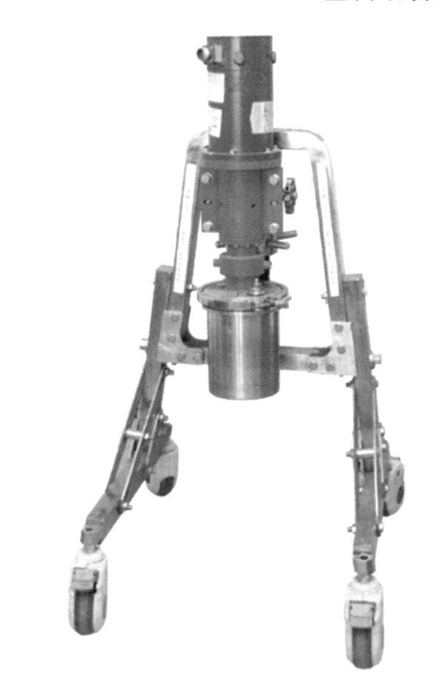

室外型残余气检测仪

室内型残余气检测仪

含量。也可用于水合物、水溶气、生物制气等领域。

残余气检测仪：在粉碎与解吸同罐、操作过程隔绝空气且满足快速、准确、合理条件下，完成残余气测定。

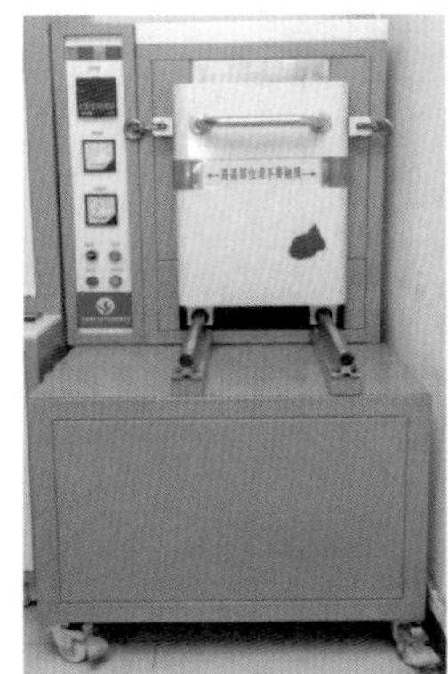

含油率测试仪

集气瓶

含油率测试仪：测量页岩中不同烃类的总量和占比，获得含油率、油气比等参数。

集气瓶：用于采集损失气、解吸气、残余气。

成岩-压裂模拟机：模拟沉积物压实成岩作用过程，获取不同条件下的岩石力学参数，模拟实际地质条件下的压力过程，可为压裂方式和效果预测提供依据。

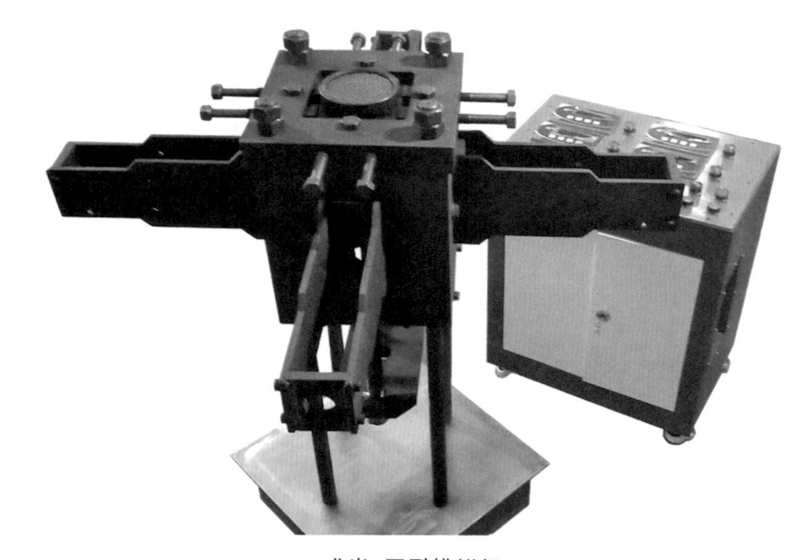

成岩-压裂模拟机

4.3　实验测试示例

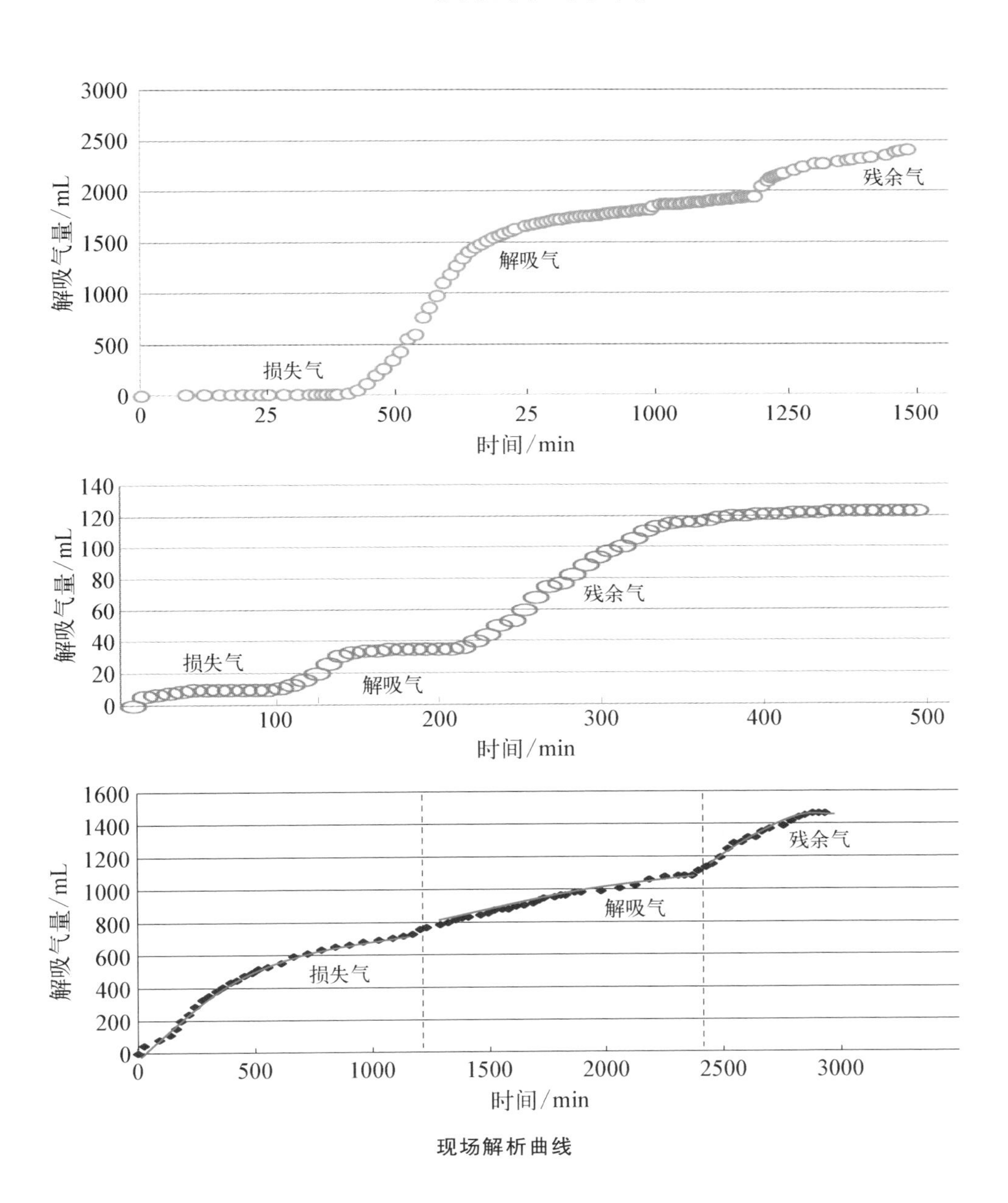

现场解析曲线

第5章　页岩与页岩气分析技术（部分）

5.1　富有机质页岩

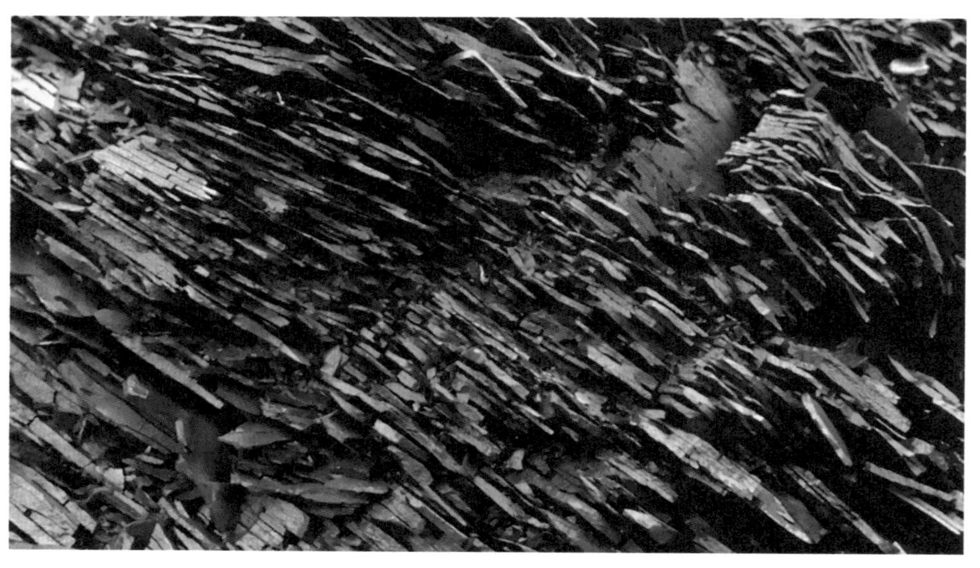

叶片状富有机质页岩

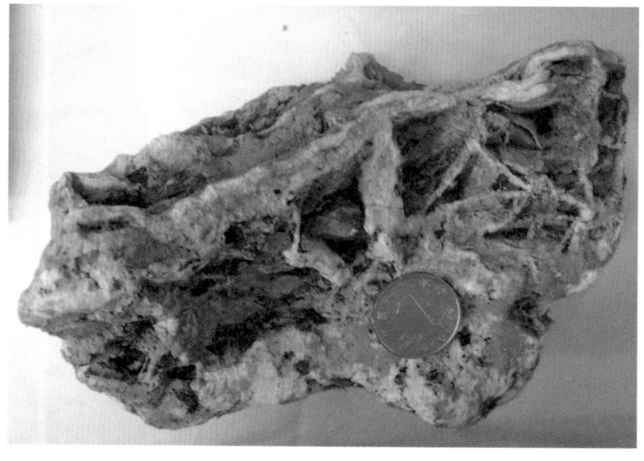

被方解石充填裂缝后的富有机质页岩

页岩“冒泡”（含气）的水浸实验

下寒武统牛蹄塘组页岩（深水陆棚相）风化剖面

下志留统龙马溪组页岩（半封闭海湾相）风化剖面

上石炭统太原组页岩（海陆过渡相）风化剖面

下侏罗统（深湖相）风化剖面

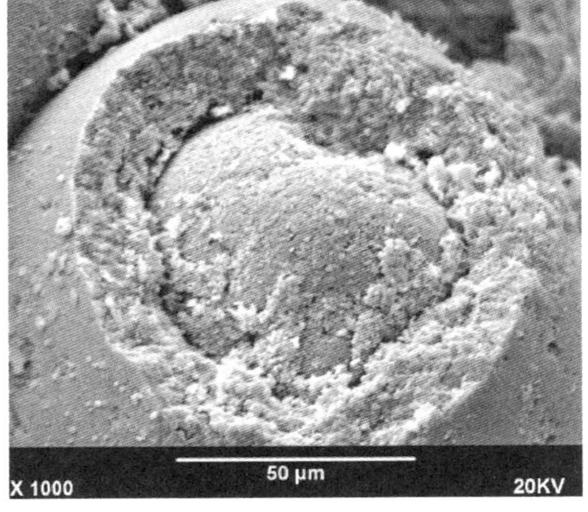

页岩中的泥质鲕粒

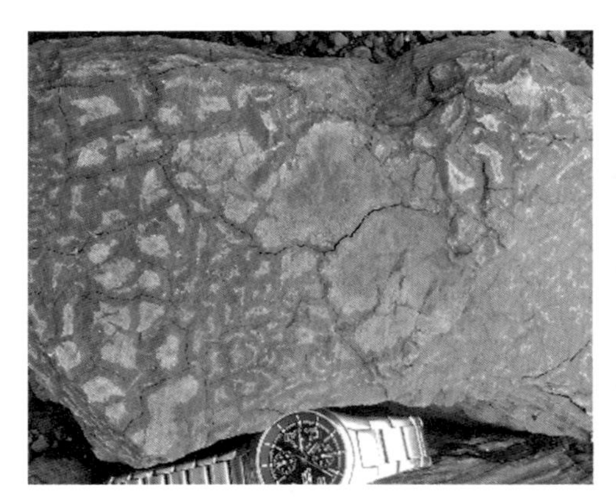

黑色的页岩、厚重的古籍与情愫的手表

页岩的绢云母化（光片）

富有机质页岩的差异风化

5.2 页岩矿物

5.2.1 黏土矿物手标本

凹凸棒石

瓷石

地开石

富镁蒙脱石

钙基膨润土

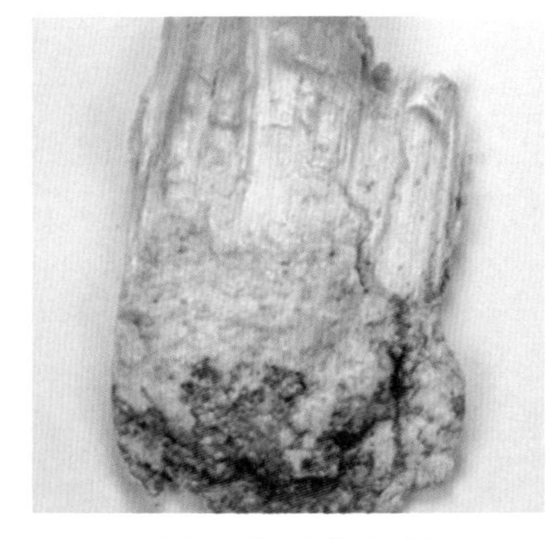

海泡石黏土（热液型）

高岭石（热液型）

高岭土（残积型）

绢云母

绿脱石

木节土

钠基膨润土

坡缕石

丝光沸石

斜发沸石

叶蜡石

伊利石

硬水铝石

5.2.2 黄铁矿

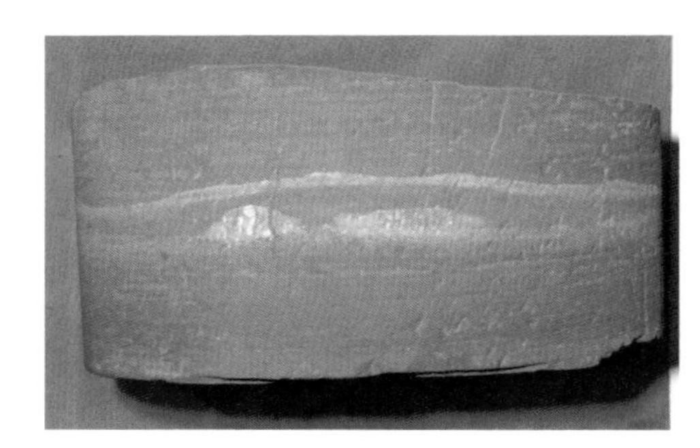

层状发育的黄铁矿

岩心裂缝中发育的黄铁矿

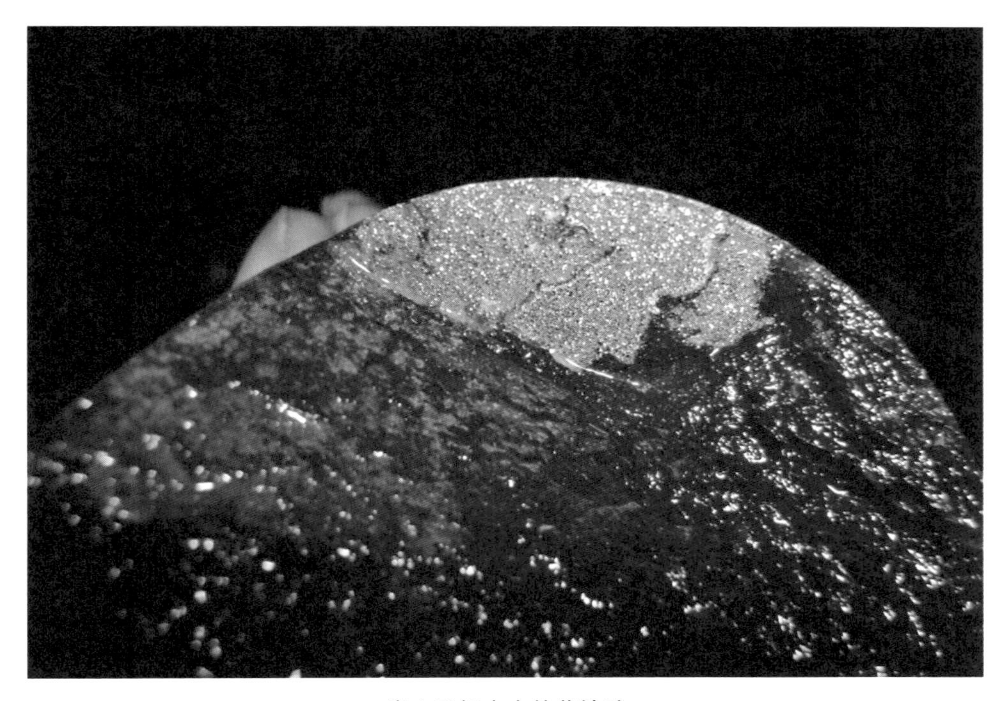

岩心手标本中的黄铁矿

光镜下的黄铁矿

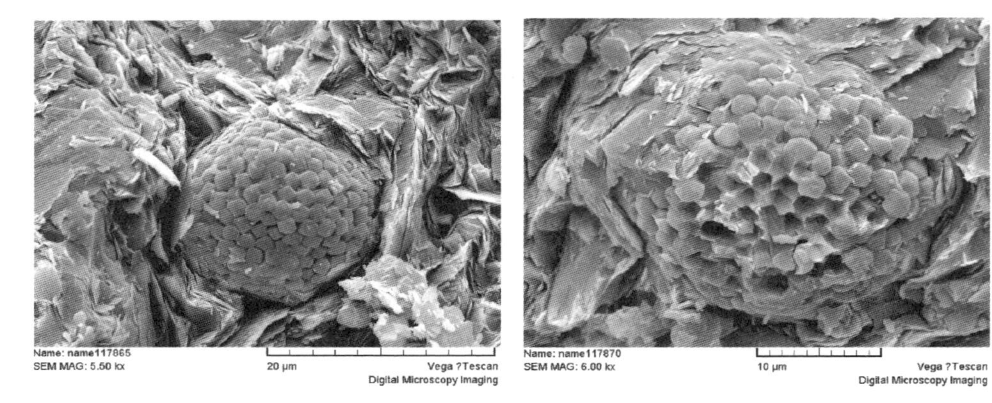

草莓状黄铁矿

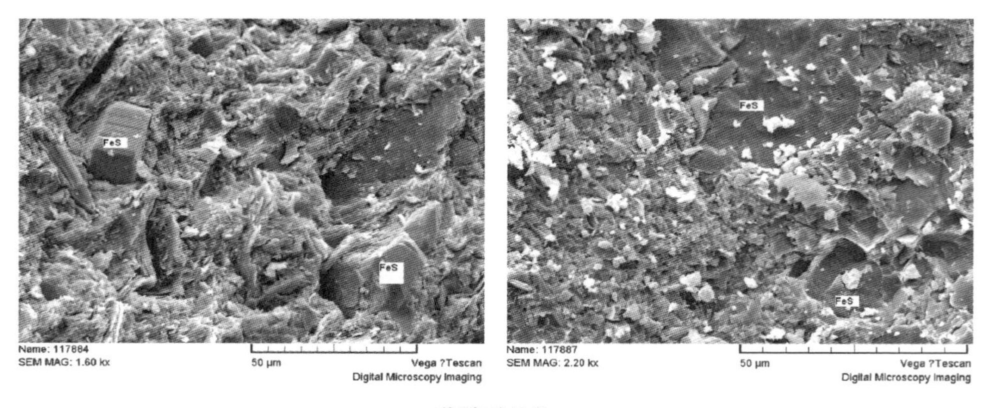

黄铁矿晶体

黄铁矿晶体

黄铁矿晶体印痕

5.2.3　扫描电镜下的矿物

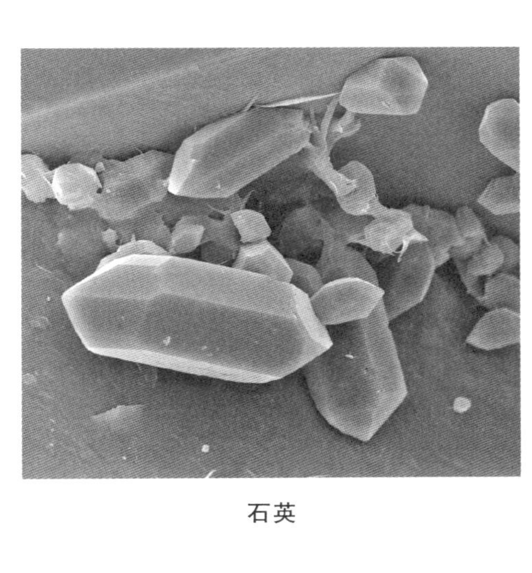

石英

白云石

高岭石

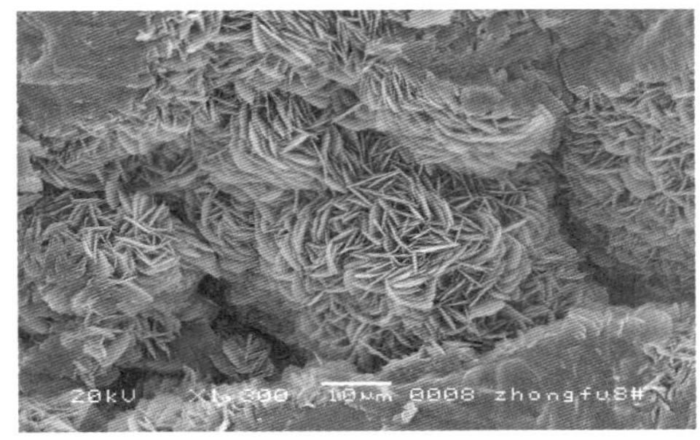

绿泥石

长石溶解

长石溶解伊利石化

伊利石　　自生伊利石

伊蒙混层　　云母

5.3 页岩沉积韵律、孔隙与裂缝

5.3.1 页岩沉积韵律

页岩的复杂层理

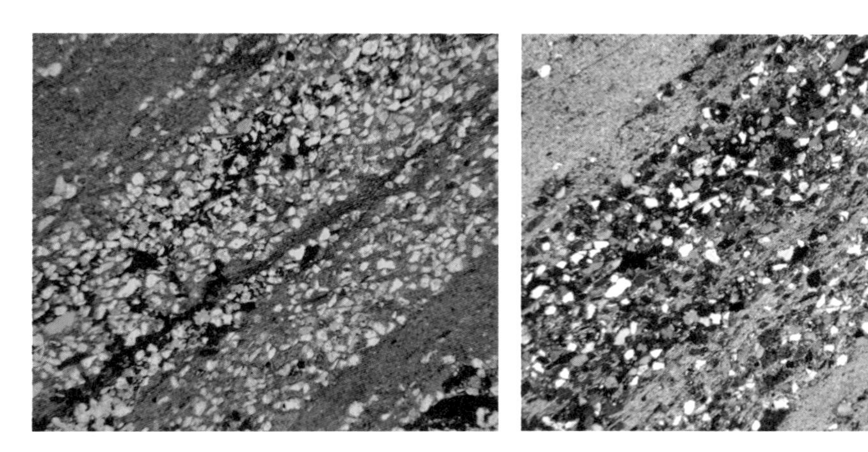

页岩中呈层状的细粉砂质和黑色有机质（正交光和偏光）

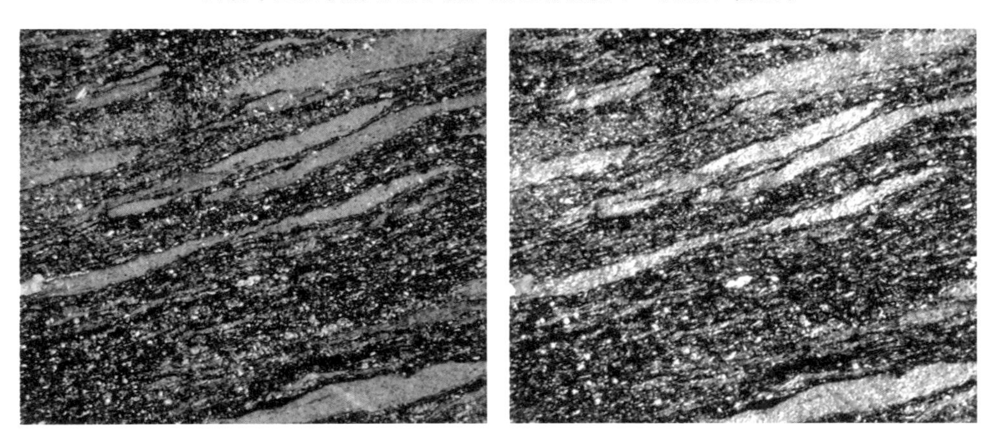

页岩中黏土矿物和黑色有机质的定向排列（正交光和偏光）

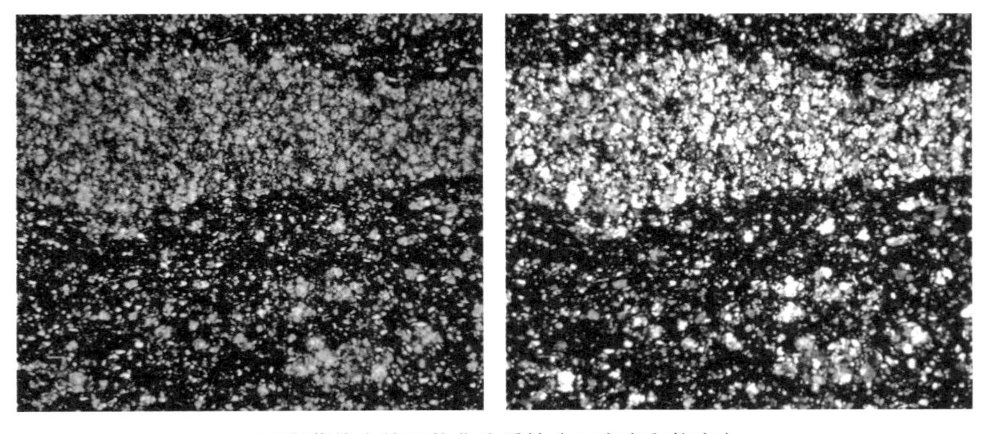

页岩薄片中的层状非均质性（正交光和偏光）

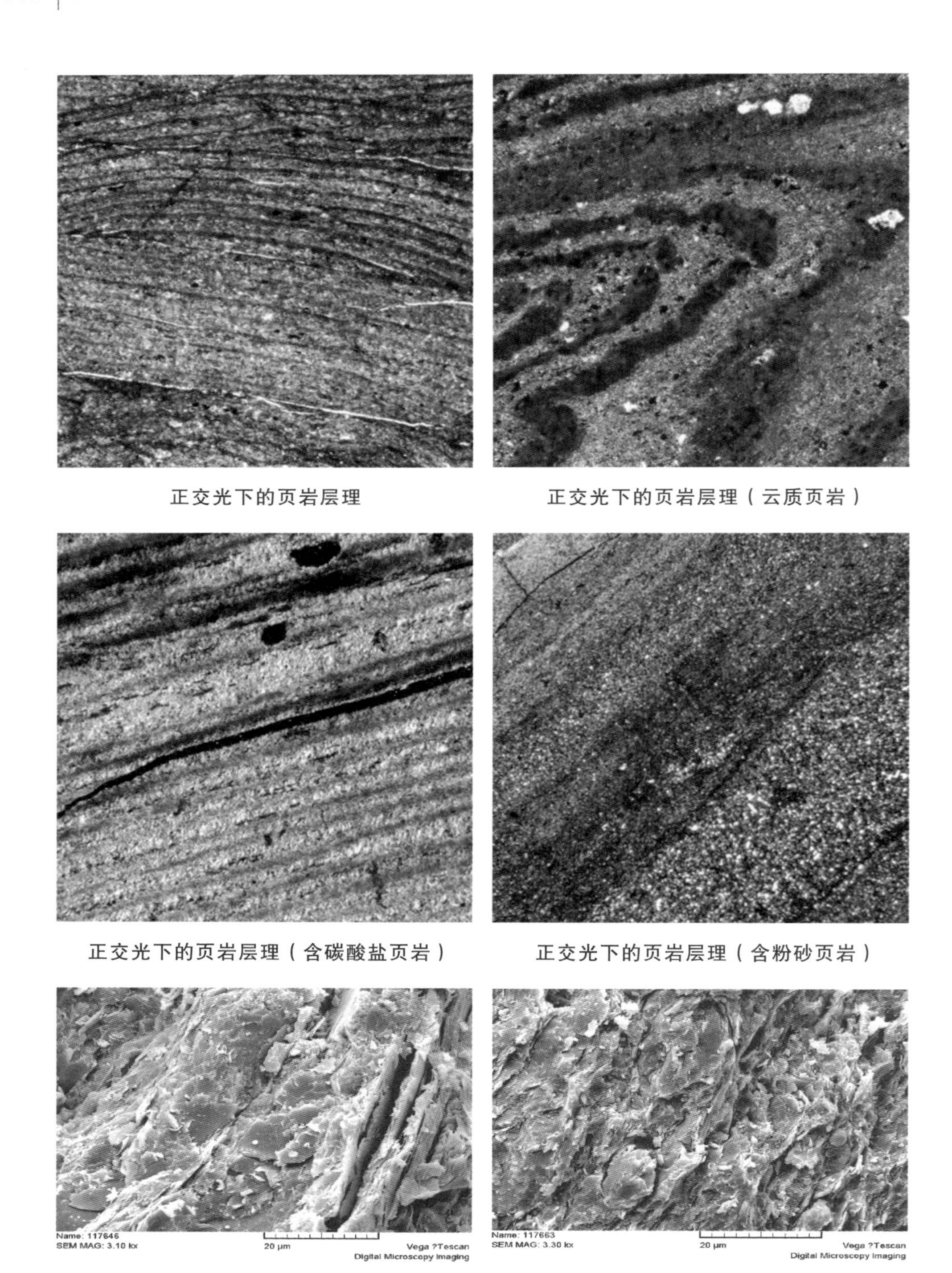

正交光下的页岩层理

正交光下的页岩层理（云质页岩）

正交光下的页岩层理（含碳酸盐页岩）

正交光下的页岩层理（含粉砂页岩）

扫描电镜下的层状韵律

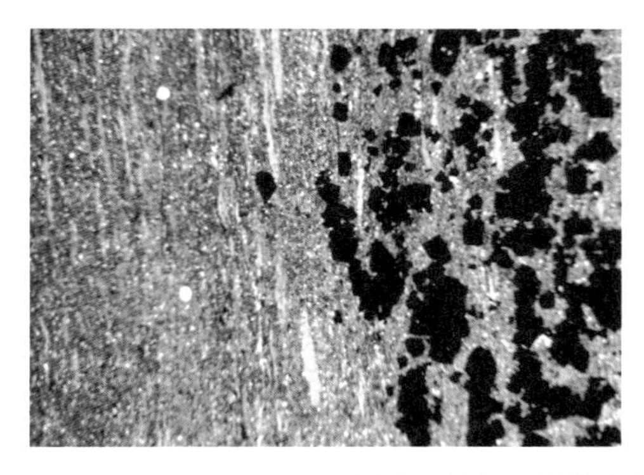
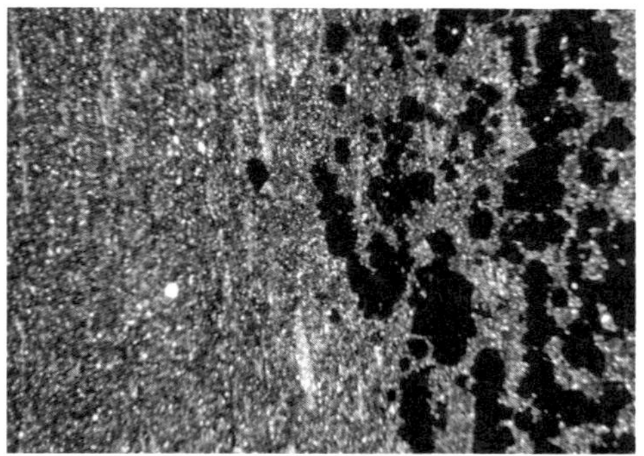

页岩中干沥青的集中分布（正交光和偏光）

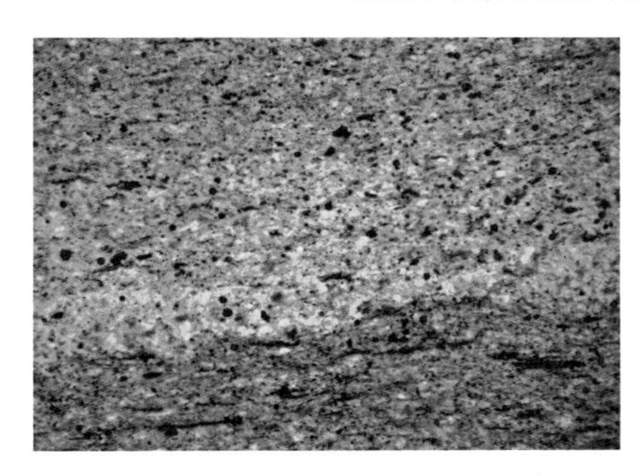

页岩中的沉积间断面及其对干沥青分布的影响（正交光和偏光）

5.3.2　页岩孔隙

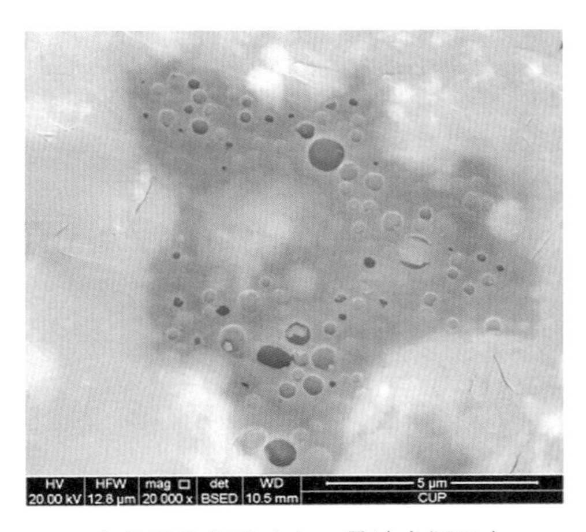

有机质生气孔（上二叠统龙潭组）

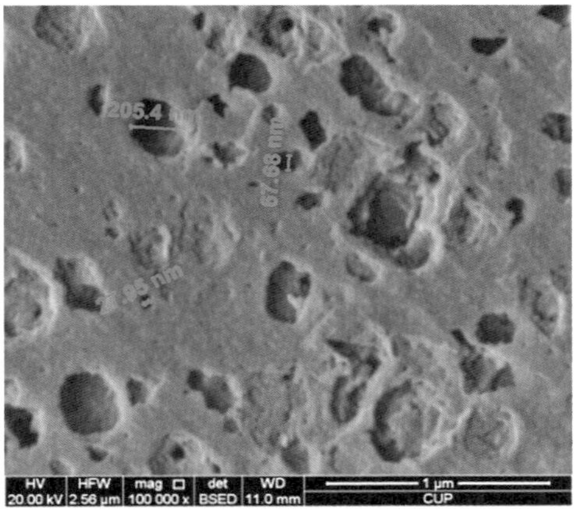

有机质生烃孔（下志留统龙马溪组）

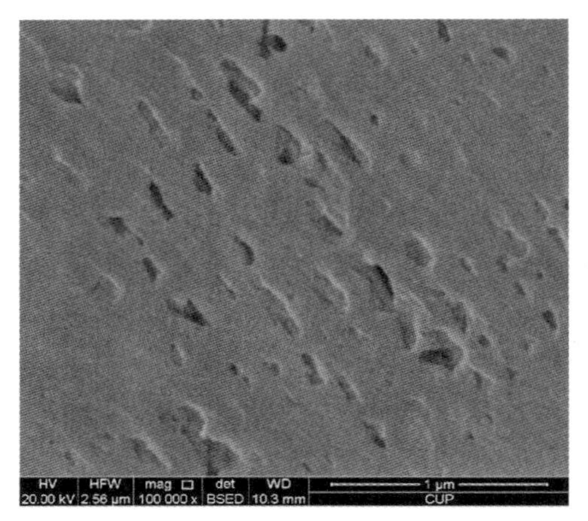

定向排列的生烃孔（下志留统龙马溪组）

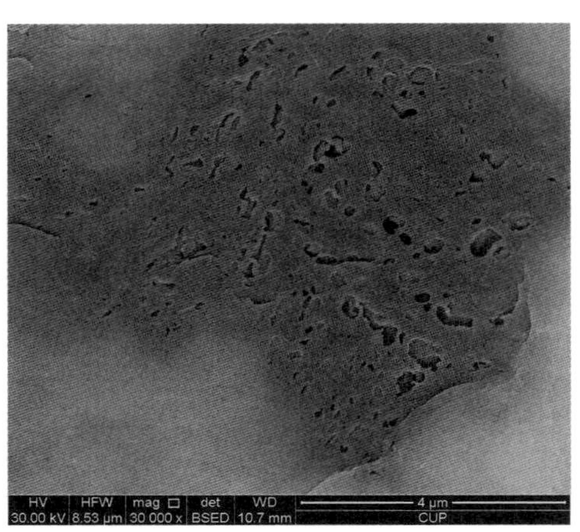

改造的生烃孔（下寒武统牛蹄塘组）

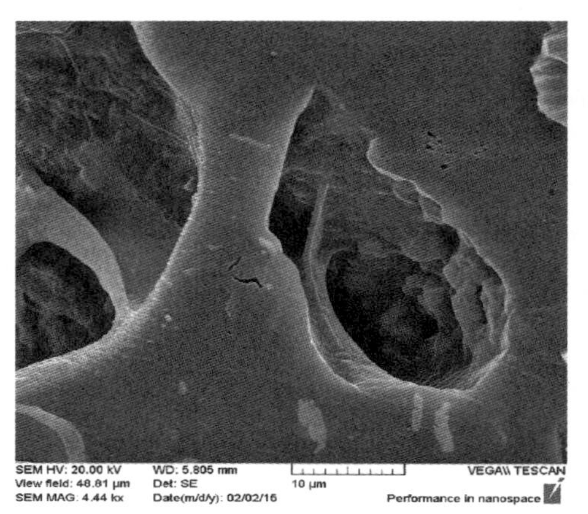

溶蚀孔

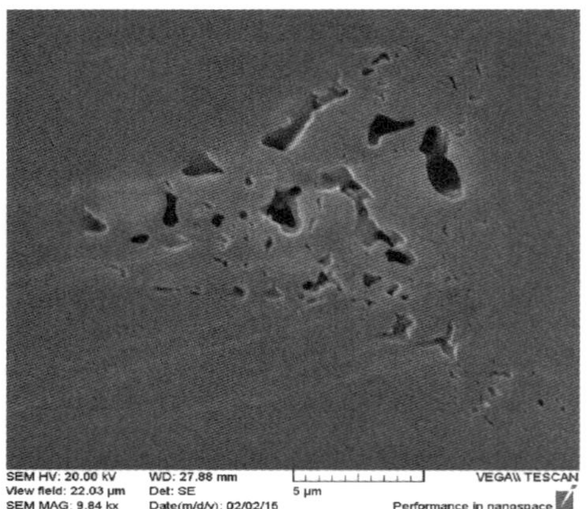

溶蚀改造孔

5.3.3 页岩裂缝

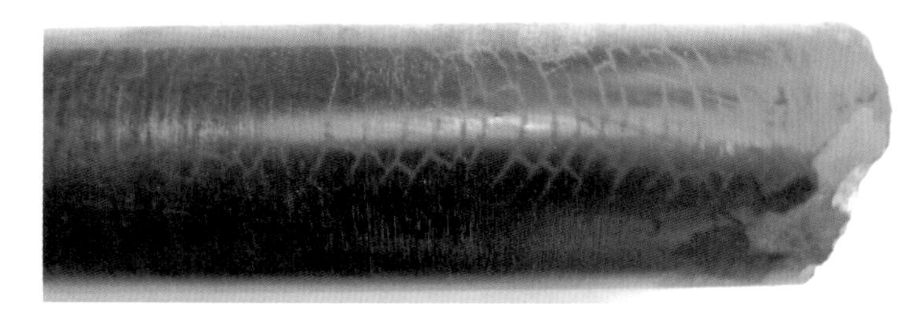

页岩岩心中的水缝（干无缝，水显缝）

页岩碎裂带被方解石充填

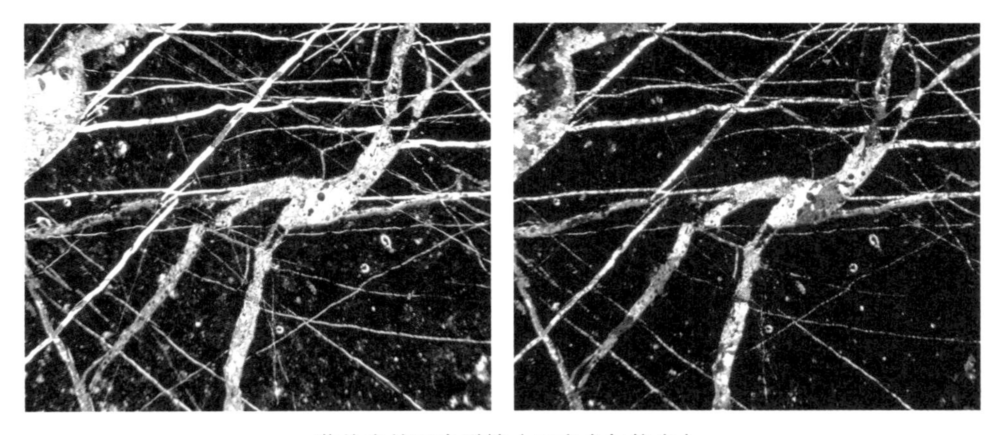

薄片中的页岩裂缝（正交光与偏光）

淋滤中的裂缝（下寒武统牛蹄塘组页岩）

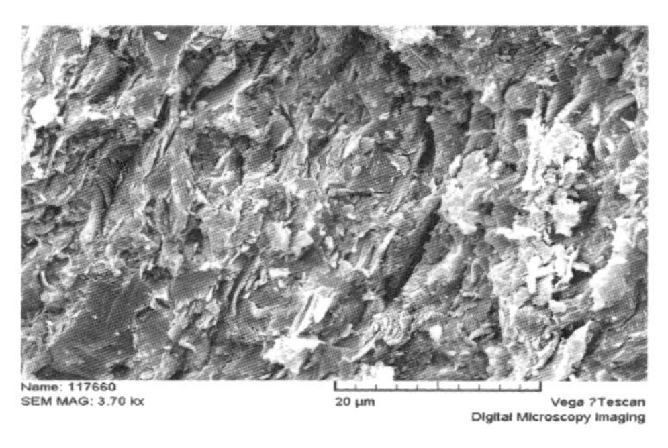

黏土矿物层间缝

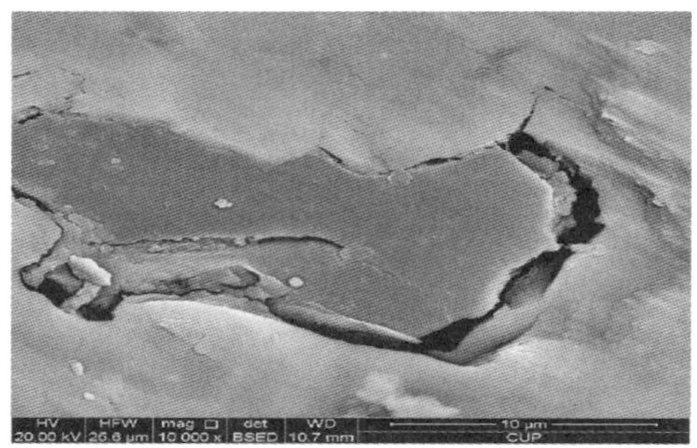

有机质收缩缝

5.4 页岩龟裂、结核及与球形风化

5.4.1 龟裂

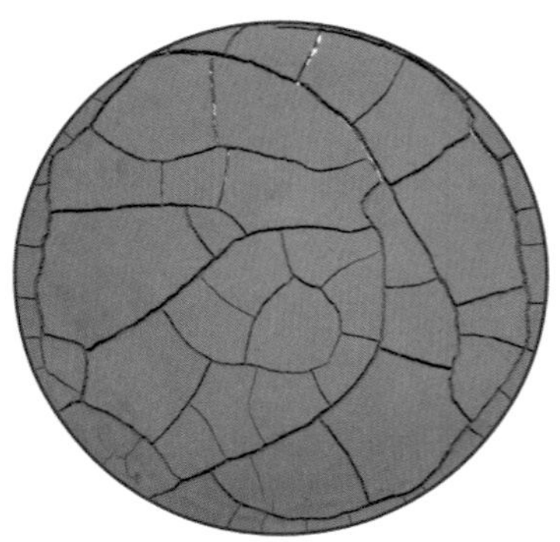

现代复杂龟裂及龟裂缝物理模拟

富有机质泥质龟裂

粉砂岩中的龟裂缝

臼齿构造

蚯蚓状分布的收缩缝

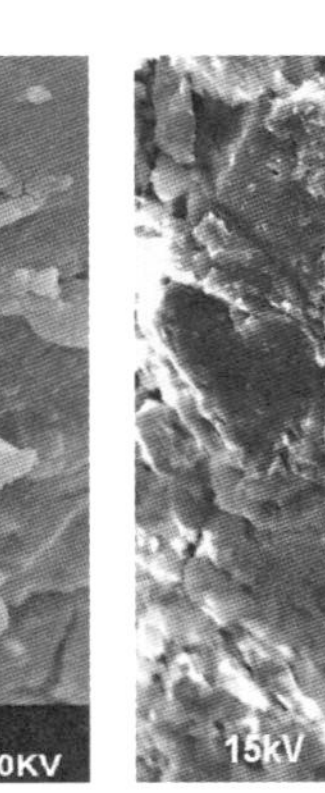

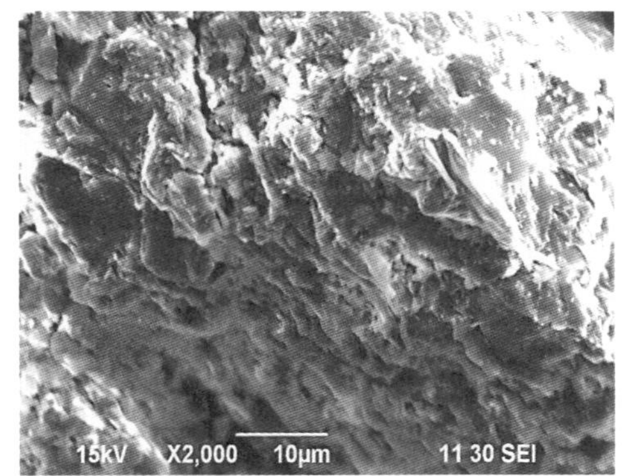

黏土矿物表面具有三岔点特征的收缩缝（左为平面观，右为立体观）

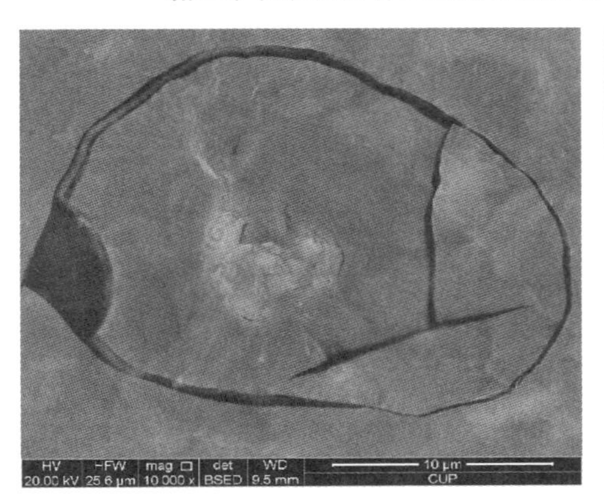

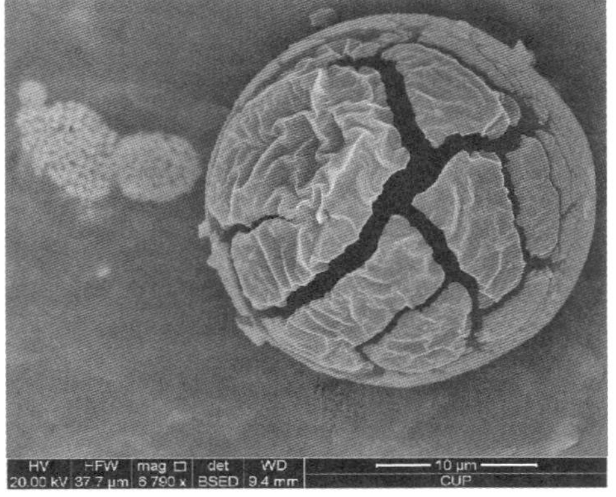

收缩与龟裂缝

5.4.2 结核

西欧志留系结核

重庆酉阳下寒武统牛蹄塘组页岩巨型结核

“飞碟”夜半升空

贵州下寒武统页岩结核

贵州下寒武统牛蹄塘组页岩结核

河北张家口下花园中上元古界页岩结核

河南焦作石炭-二叠系海陆过渡相结核及其内部结构

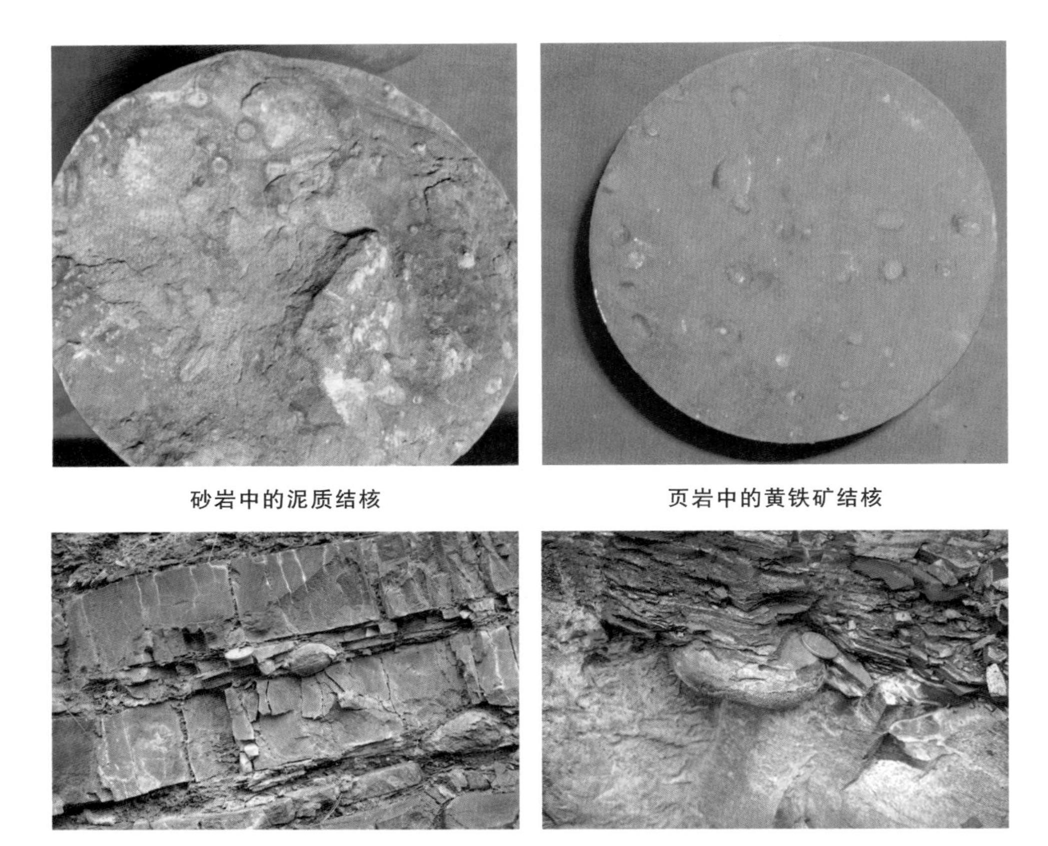

砂岩中的泥质结核

页岩中的黄铁矿结核

贵州铜仁小堡剖面牛蹄堂组地层中的结核

河北张家口下花园赵家山结核剖面

河南焦作龙洞乡太原-山西组剖面中的结核

5.4.3　球形风化

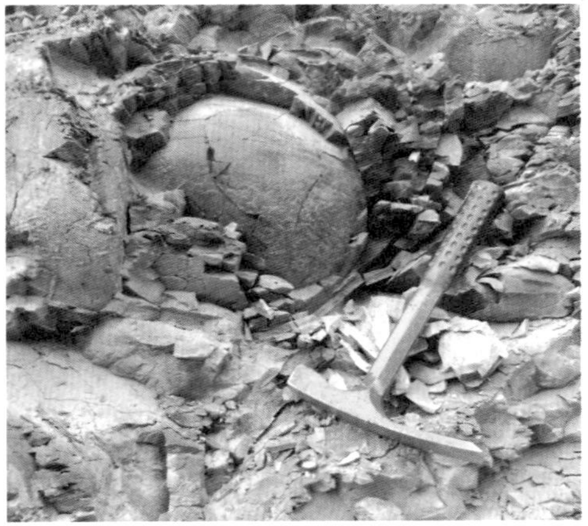

球形风化

群状球形风化

湖南永顺颗砂乡
白龙村“龙蛋”

湖南永顺颗砂乡白龙村“龙脉”

河北张家口宣化东赵家山“龙脉”

5.5 渝页1井及其页岩气的发现

渝页1井位于重庆市彭水县连湖乡乐地坝村曹家沟，位于连湖镇北西西290° 2～3 km处（运距5～6 km），地理坐标东经108°54′15″～108°55′30″，北纬29°15′15″～29°16′30″，有省际公路S202经过，交通较为方便。区内以土家族及苗族人居住为主，无工业，农业也不发达。

该井选用XY-4型钻机，于2009年11月底开始钻井施工工作，于2010年1月11日完钻，其全井段岩心目前存放于中国地质大学（北京）逸夫楼的地下岩心库中。

山高路险

不能放过蛛丝马迹

边找寻边研究

位于山沟对面半山腰上的渝页 1 井（羊肠小道所引）

该井为我国首获页岩气发现井，其完钻井深 325.48 m，揭示黑色页岩 223 m（未穿），在五峰-龙马溪组页岩中获得 1 ～ 3 m^3/t 含气量，为国务院增列的第 172 个新矿种提供了样品，结束了中国没有页岩气的争论。在该井正南 45 km 处，为中石化 2011 年发现、单井产量 $2.5 \times 10^4\ m^3/d$ 的彭水区块；正西 80 km 处，为中石化 2012 年发现，单井产量 $20.3 \times 10^4\ m^3/d$［焦页 1（HF）］的礁石坝区块。

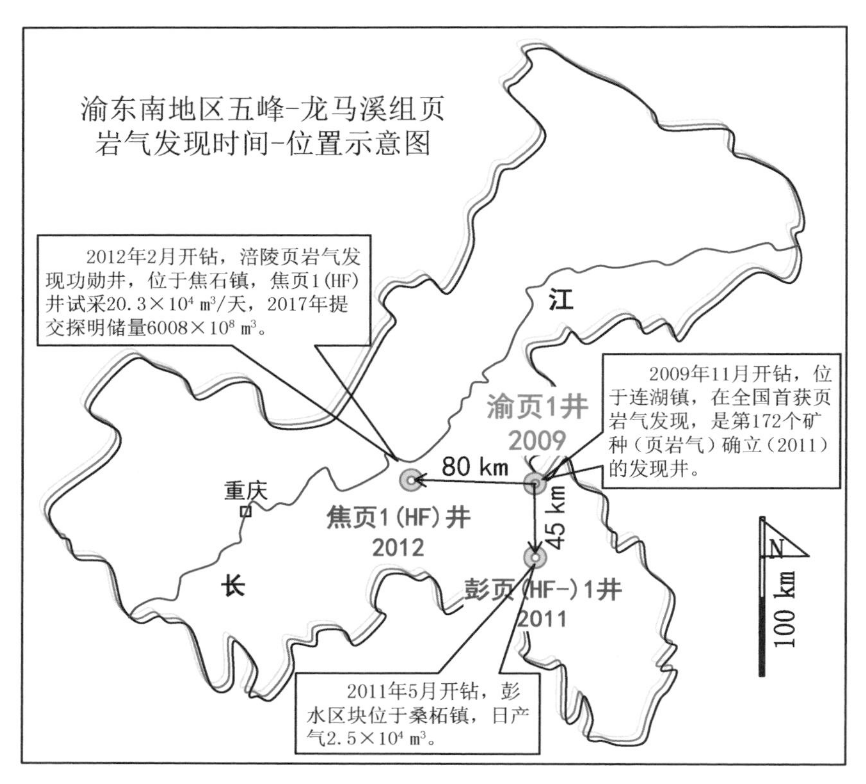

渝页 1 井及其周缘页岩气发现情况

开钻后的渝页 1 井首获页岩气发现

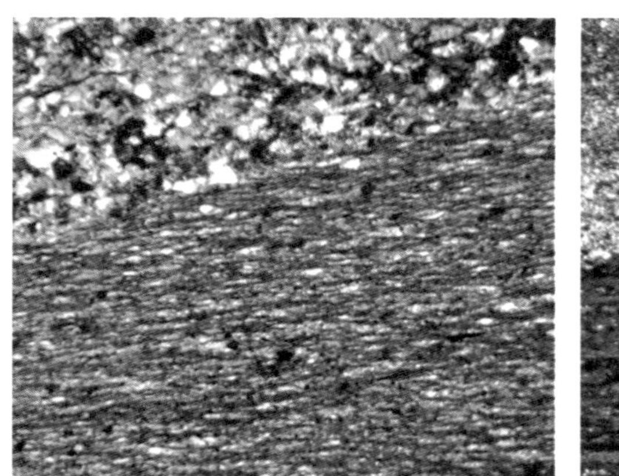

页岩薄片中的不整合面（正交光）

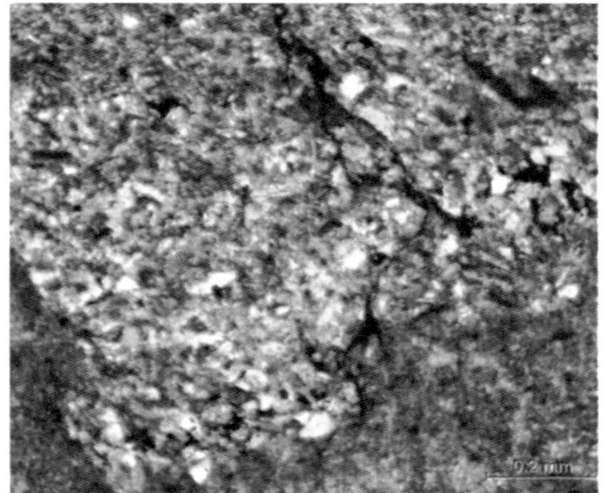

页岩薄片中的原油穿越不整合面运移（正交光）

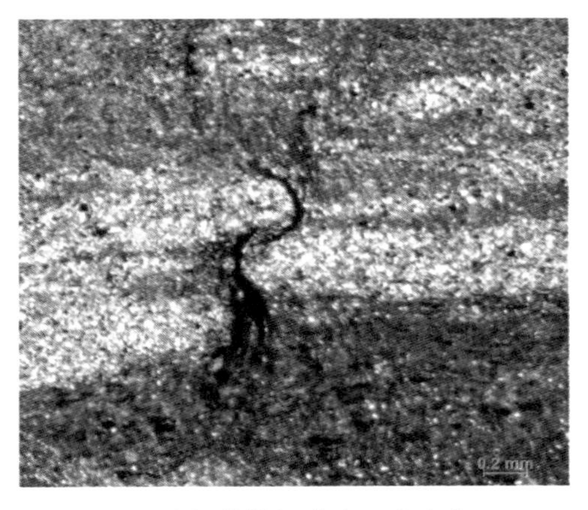

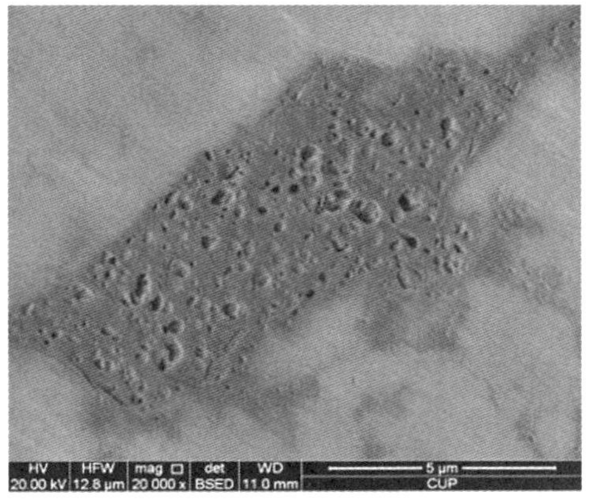

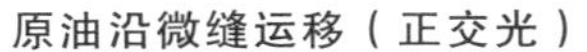

原油沿微缝运移（正交光）

原油在隐缝中的运移痕迹（干沥青 SEM）

中华人民共和国国土资源部
公　　告

2011年　第　30　号

新发现矿种公告

根据《中华人民共和国矿产资源法实施细则》的有关规定，经国务院批准，现将我国新发现的页岩气予以公布。

二〇一一年十二月三日

— 1 —

新发现矿种公告

矿种名称	发现单位	发现时间	主要用途	产地名称	产地地理坐标	
					经度	纬度
页岩气	国土资源油气资源战略研究中心、重庆市国土资源和房屋管理局、中国地质大学（北京）、重庆地质矿产研究院	2009年11月	民用和工业燃料，化工和发电	彭水县	108°24′30″	29°41′42″

原国土资源部新发现矿种公告

附录 1　钻　　头

取芯钻头

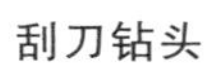

刮刀钻头

PDC 钻头

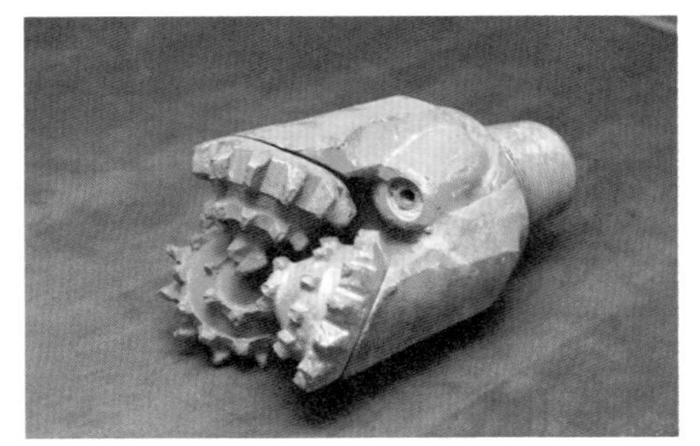

牙轮钻头

附录2　煤

从木头到木炭

树干煤

琥珀煤

煤精（自然光和闪光）

草本泥炭（$R_{\mathrm{o}}<0.3\%$）

木本泥炭（$R_{\mathrm{o}}<0.3\%$）

褐煤（$R_{\mathrm{o}}<0.5\%$）

气煤（R_{o} 为 0.65% ～ 0.9%）

肥煤（R_{o} 为 0.9% ～ 1.2%）

焦煤（R_{o} 为 1.2% ～ 1.7%）

瘦煤（R_{o} 为 1.7% ～ 1.9%）-贫煤（R_{o} 为 1.9% ～ 2.5%）

无烟煤（R_{o} 为 2.5% ～ 4.0%）

附录3 部分典型手标本

树干化石

植物碎屑

植物碎屑

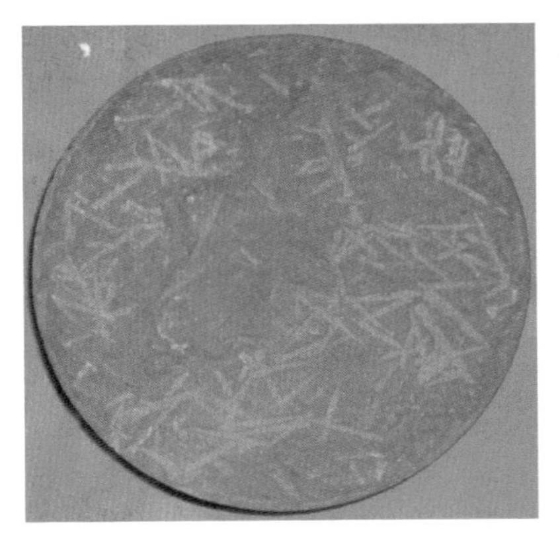

笔石

石燕贝

燃烧后的黑色页岩

闷烧后的黑色页岩

油页岩

油砂岩

沥青砂（印度尼西亚）

附录4　页岩气技术相近、相关及延伸相关术语

1. X射线衍射（X-ray diffraction，XRD）：当X射线遇到不同排列方式的原子或离子而发生散射时，就能形成对应特征的衍射现象，矿物晶体的衍射特征各有不同，据此可对矿物成分及其组合特征进行识别。

2. 比表面积（Specific surface area）：页岩样品的总表面积与其质量的比值，即单位质量样品所具有的总面积，单位m^2/g。同等情况下，岩石矿物颗粒越小，比表面积越大。

3. 残余气（Residue gas）：在快速解吸过程结束后，仍然残留在样品中的天然气，该部分天然气较难以被利用。

4. 储层物性（Reservoir property）：泛指油气储层的物理学属性特点，特指储层的孔隙度、渗透率、含流体饱和度等。

5. 氮吸附（Nitrogen adsorption）：在液氮温度下，氮气在固体表面的吸附量取决于氮气的相对压力，据此可测页岩的孔隙结构参数，譬如孔径、孔容、比表面积等。

6. 等温吸附（Isothermal adsorption）：在温度不变情况下，测定压力与气体吸附量之间的变化关系。利用吸附等温式（Adsorption isotherm），易于获得包括页岩最大吸附能力在内的一系列吸附相关参数。

7. 电子探针（Electron microprobe，EMP）：用高度聚焦的电子束轰击样品表面，激发出样品元素的特征X射线，对样品的化学组成进行识别，分析岩石的矿物组构。

8. 返排液（Flowback fluid）：从井筒中返回至地表的压裂液。排出的返排液与注入的压裂液之比值称之为返排率。

9. 古生物（Paleontology）：生存于地质历史时期中、现已绝大部分灭绝的生物。古生物死亡后，绝大部分均参与了大自然的碳循环，少部分形成了化石燃料，少部分被钙化、硅化、炭化或其他矿化改造而形成化石。

10. 含气量（Gas content）：标准状态（101.325 kPa/760 mmHg、0℃）下，单位重量页岩、煤或其他岩石中所含的天然气总量，常用单位为 m^3/t。理论上，总含气量的构成包括了游离气、吸附气和溶解气。现场解析过程中，含气量可分解为损失气、解吸气及残余气三部分。

11. 寒武系（Cambrian）：寒武纪是古生代的第一个纪，距今 5.42 亿～4.88 亿年，该时期内所形成的沉积地层被称为寒武系。期间所发生的生命大爆发使节肢、软体、腕足、环节等无脊椎动物得到了空前繁盛，我国南方地区广泛发育和分布的牛蹄塘组页岩就是该时代的沉积产物。

12. 胶结（Cementation）：在地下不断变化的温压条件下，岩石中的一些矿物可以发生缓慢地溶解，而当条件发生变化时，矿物又可以发生结晶或重结晶，这一过程将沉积物颗粒粘在一起，即所谓的胶结，它是使松散沉积物演变为坚硬岩石的主要作用因素之一。

13. 结核（Concretion）：在沉积或成岩过程中，受化学或物理化学作用控制而发生的特定元素或矿物聚集，形态特征以各种规则或不规则的圆形团块为主，常可连片出现。

14. 解吸气（Desorbed gas）：将钻井岩心封装在解吸罐中之后，岩心在设定的温度、时间和其他限定条件下所获得的天然气总量。

15. 镜质体反射率（Vitrinite reflectance，R_o）：镜质体（有机质的一种显微组分）的反射光强度与垂直入射光强度的百分比，以 % 表示。通常用油浸物镜测定其在油浸中的反射率（R_o），用以表示页岩中有机质的熟化程度。

16. 可燃烃类气体（Combustible hydrocarbon gas）：以气态方式存在的碳氢化合物，多指甲烷、乙烷、丙烷、丁烷及其混合物。

17. 孔隙度（Porosity）：岩石中天然存在的孔隙（孔隙、溶洞、裂缝）体积与岩石的体积之比，单位为 %。孔隙度越小，储集天然气的空间越小。

18. 矿物颗粒（Mineral grain）：矿物是天然存在的化合物或天然元素，具有固定的化学组成、内部结构甚或外表形状。岩石可被分解为不同的矿物颗粒，石英和长石等脆性矿物、伊利石和蒙脱石等黏土矿物、方解石和白云石等碳酸盐矿物各自所占比例的不同，决定了岩石类型的不同。

19. 录井（Well logging）：采取各种手段，有计划地系统收集、记录、整理、编录、分析井下各种信息的过程。主要包括钻时、荧光、岩屑、岩心、钻井液及气测等录井方式。

20. 脉冲渗透率（Pulse permeability）：页岩储层物性致密，流体渗流不再服从达西定律，常规的高压气体流量法渗透率测试难以奏效。脉冲法测试渗透率的基本原理是将待测岩心使用盐水饱和，然后置于两端均连接有标准室的夹持器中。在夹持器的第一标准室中施加脉冲压力信号，记录压力在第一标准室、岩心室和第二标准室中的压力衰减变化，从而达到计算岩心渗透率目的。

21. 煤层气（Coal bed methane）：煤是地质历史中的植物死亡后所形成的固体可燃有机岩，常可形成于沼泽、三角洲、潮坪、河流等环境中。储存在煤层中且可供工业开发的天然气被称为煤层气，主要表现为甲烷在煤岩颗粒表面上的吸附作用。煤层气是煤重要的伴生矿产资源。

22. 泥浆（Mud）：钻井中所用的泥浆主要由水、黏土及添加剂混合而形成的半流体，用于冷却钻头、润滑钻杆、携带岩屑、防止井喷等目的。

23. 偏生气或油型有机质（Gas-prone or oil-prone organic matter）：在有机质埋藏演化过程中，更趋向于生成天然气或石油的有机质。前者通常来源于浅湖、浅海、三角洲、沼泽等沉积环境中，后者通常为来源于深湖、深海等沉积环境中的生物残屑。

24. 气苗（Gas seepage）：以各种方式表明地下存在天然气的自然现象，如来源不明的水底冒泡、空气燃烧等，是地下天然气在地表的自然暴露。气苗的发现指示了地下天然气藏的可能存在。钻井过程中所发现的微量或少量天然气，被称为天然气显示（Gas show），是页岩气进一步获得发现的关键信息。

25. 气相色谱（Gas chromatography，GC）：由于沸点、极性和吸附性等差异，不同物质在毛细管柱（色谱柱）中的运动速度各有不同，据此能够对微量或痕量成分进行高精度分离。当组分穿过色谱柱后即进入检测器，组分总量或浓度的大小反映为电信号的强弱，电信号随时间的变化即是常说的色谱图，据此能够对微量或痕量组分进行准确识别。

26. 球形风化（Spherical weathering）：受温度、水流等因素影响，小型岩块的边缘、棱角及凸出部分不断消失，这一去棱磨平、趋向球形特点的风化过程即为球形风化。特殊情况下（如两组裂缝交叉发育），球形风化所产生的圆形或椭圆形球冠面、半球面或球体面等球状形态可连片出现、集中发育。

27. 热解（Pyrolysis）：在地下温度和压力条件下，有机母质发生热化学分解反应，由复杂高分子所构成的有机物质逐渐分解并转化为石油或天然气。

28. 热裂解（Thermal cracking）：在地下高温高压条件下，已生成的烃类大分子逐渐发生化学键断裂、大分子不断转化为小分子、低碳数小分子不断形成的过程。

29. 扫描电镜（Scanning electron microscope，SEM）：扫描电镜是电子显微镜的一种，它以比可见光波长更短的电子束作光源，使用极其狭窄的电子束扫描样品表面，利用二次电子信号成像原理，形成样品表面的放大图像。在电子显微镜成像过程中，电压越高，波长越短，分别率就越高，理论分辨率可达0.1 nm。而光学显微镜以可见光为光源，最大分辨率为200 nm。

30. 渗透率（Permeability）：油、气或水等流体在岩石中的穿过能力，单位为达西。法国工程师Darcy（1856）采用实验方法研究了水在黏土中的流动速度问题，提出了流体研究领域中广泛使用的达西定律。

31. 声发射（Acoustic emission，AE）：当局部的应力集中导致样品破裂时，快速的能量释放就会产生同步的弹性（声）波并向四周发射出去。根据这一原理，可对页岩样品或地下页岩地层的破裂情况予以监测。

32. 熟化（Maturation）：在地下温度、压力和时间作用下，沉积有机质逐渐成熟并生成油气的过程。偏生气型有机质在 R_o 为0.5%时开始生气，偏生油型有机质在 R_o 为0.5%时开始生油，当 R_o 大于1.2%时开始大量生气。

33. 损失气（Lost gas）：是含气量现场解析过程中的一个术语，系从钻头钻遇目的层至目的层岩心被提升到地表并封装在解吸罐内之前，岩心中所逸散掉的所有气体。该部分气体目前主要依靠经验估算获得。

34. 同位素质谱（Isotope ratio mass spectrometer，IRMS）：根据离子光学和电磁学原理，对离子化后的组分按照离子质量 / 电荷（m/e）比值的不同（稳定同位素）进行分离和识别，达到组分及其结构分析等目的。该方法也称为稳定同位素比例质谱或气体质谱。

35. 瓦斯（Gas or waste gas）：多与天然生成的可燃气体有关，通常指煤矿矿井中的甲烷（CH_4）气体。瓦斯（天然气中的甲烷）对空气的相对密度为0.554，无色、无味、无毒、易燃、易爆，当其浓度达到4.6%～15%时，遇明火即可燃烧并发生瓦斯爆炸，曾是煤矿主要的矿难类型之一。为防止瓦斯灾害，早期的矿工会在工作区内挂上装有金丝雀的鸟笼以作提前预警。瓦斯一词来源于不规范的英文或俄文发音（Gas），亦可理解为早期煤矿矿井中无用但有爆炸危险的废气（Waste gas）。

36. 纹理（Texture）：由于不同物质供给的周期性和沉积过程的韵律性往复变化，导致页岩分层性明显，形成了不同程度的线条状纹路，也称页理或层理。纹理状页岩中常含有较高的有机质，是含气的主要页岩类型。

37. 吸附气（Adsorption gas）：在范德瓦尔斯力作用下，被聚集于有机质表面上的甲烷等气体。吸附气含量受多种因素影响，与有机质比表面积、地层压力等因素呈正比，与地层温度等因素呈反比变化。

38. 现场解析（Field desorption & analysis）：在钻井现场，将岩心密闭加热至地下的原始温度，测量岩心所能释放出来的天然气数量，并进一步分析获得地下岩石含气总量的方法。现场解析包括了对损失气、解吸气和残余气的求取和总含气量的获取。现场解吸（Field desorption）是现场解析工作的一部分，仅指对解吸气的现场测量。

39. 压裂（Fracturing）：主要是利用水的不可压缩性和易流动性，在地表将人工产生的高压传递至地下岩层，使其发生破裂并形成裂缝，从而使地层中所含的天然气能够沿裂缝进入井筒并被开采出来。

40. 压裂液（Fracturing fluid）：在储层改造过程中，以高压方式注入地层并使其发生破裂的混合液体。压裂液成分中，90.5%以上为清水，大约9%为石英砂或陶粒等支撑剂，其余不足0.5%为盐酸（0.123%）、减阻剂（原油馏出物，0.088%）、表面活性剂（柠檬酸，0.085%）、防塌剂（氯化钾，0.06%）、凝胶（瓜胶或羟乙基纤维素，0.005 6%）等十余种配料。

41. 岩石热解（Rock-eval pyrolysis）：对岩石进行快速加热并使其发生化学分解反应，同步检测不同温度段的气态和液态烃类数量，获得一系列热解参数，分析页岩的有机地球化学特点，评价页岩生油气能力、特点和潜力。

42. 页岩储层敏感性（Sensitivity of shale）：页岩储层对外来流体或外部环境变化发生响应而产生的孔隙结构、渗透率等储层物性变化，主要包括酸敏、碱敏、盐敏、水敏、压敏、速敏等。

43. 页岩分类（Shale classification）：根据勘探资料分析，页岩可分为无效页岩（不含有机质）、潜质页岩（经地质推断含有机质但目前尚不能确定含气）、富含有机质页岩（经测试已经证明为富含有机质但不能确定是否含气）、含气页岩（已经证明其中含有页岩气但尚不能确定其商业价值）及高含气页岩（可供商业开发）等5种类型。在页岩地层中，具有工业产气能力的高含气区域即为甜点（Sweet spots）。

44. 页岩气（Shale gas）：蕴藏于页岩地层层系中且可供工业开发的天然气。以甲烷为主的天然气在页岩中以吸附、游离或溶解方式存在，是一种清洁、高效的能源资源和化工原料。页岩气属于天然气的一种，天然气可分为常规（Conventional）与非常规（Unconventional）两大类，地质上所指的非常规天然气可包括页岩气、煤层气、致密砂岩气、水溶气、水合物等，化学成分均主要为甲烷。

45. 页岩气储量（Shale gas reserve）：页岩储层中已被发现且在现今技术条件下可被经济利用的气体总量，为资源量中的已发现部分。

46. 页岩气资源量（Shale gas resource）：天然生成并赋存于页岩地层中，最终可被利用的气体总量。可划分为现今已发现或未发现、目前可利用或不可利用等部分。

47. 阴极发光（Cathode luminescent）：当电子束轰击样品时，就会激发样品中的发光物质产生荧光（阴极发光）。利用这一特点，根据激发条件、阴极发光的颜色、强度及分布特征就可对页岩中的矿物成分、结构及次生变化等特点进行鉴别和分析。

48. 游离气（Free gas）：与吸附态或溶解态不同，以气体方式存在的游离气主要储集于页岩孔隙或裂缝中，可在压差作用下自由运移。

49. 有机质（Organic matter）：来源于生命（动物、植物、微生物等）体残屑、可在适当条件下转化为石油或天然气的含碳物质。

50. 有机质碳含量（Total organic carbon，TOC）：为单位质量沉积岩中所含有机碳的总质量，以 % 表示，又称有机质丰度。

51. 井型（Well pattern）：通常采用三种井型。直井（Vertical well）即垂直向下钻进的井型，目前使用非常广泛，根据其作用不同，可分为参数井、评价井、开发井等类型；斜井（Deviated well）即井眼轨迹与垂直方向存在一定夹角，一般用于躲避地面障碍、节约井场用地或实现其他特殊的钻井目的；水平井（Horizontal well）即井眼轨迹的末端为近似水平方向延伸的钻井，水平井需要钻头在地下保持水平方向的前进，通常由井下动力钻具所完成。

52. 志留系（Silurian）：志留纪是早古生代最后一个纪，距今 4.4 亿～4.1 亿年，是陆生（裸蕨）植物和有颌动物开始出现、也是笔石繁盛的时代，该时期所形成的沉积地层即为志留系。我国南方地区广泛发育和分布的龙马溪组页岩就是该时代的沉积产物，渝页 1 井揭示的含气页岩地层和礁石坝气田的页岩气产层就形成于这一时代。

53. 致密砂岩气（Tight sandstone gas）：当砂岩的孔隙度和渗透率小到一定程度时就形成了致密砂岩，其中所蕴含且可供商业开发的天然气即为致密砂岩气。与常规天然气类似，天然气在致密砂岩中的存在方式主要为游离态。

54. 重结晶（Recrystallization）：矿物晶体溶解或熔融后重新结晶的过程。重结晶作用可以使物质得到提纯或分离，矿物的重结晶可以反映其变形、变性、变质特点及其地质历史变化。